Trinkwasser für Europa
Das Wichtigste im deutschen Sprachraum

Widmung

Dieses Buch ist all jenen Wasserversorgern gewidmet, die Tag für Tag, ohne viel Aufhebens davon zu machen, sich bemühen, ihren Verbrauchern gutes Trinkwasser in ausreichender Menge zur Verfügung zu stellen. Manche Leserinnen und Leser mögen bei der Lektüre dieses Buches den Eindruck gewinnen, mit unserem Trinkwasser sei es nicht besonders gut bestellt. Dieser Eindruck wäre aber völlig falsch. In der weit überwiegenden Zahl der Fälle ist das Gegenteil der Fall. Doch über das Gute und Selbstverständliche wird in der Regel nicht gesprochen. Das Schlechte dagegen ist in aller Munde. So wird auch in diesem Buch so mancher Missstand angesprochen. Dies soll aber nicht darüber hinwegtäuschen, dass unser Trinkwasser in der Regel dank unserer Wasserversorger unbedenklich und ohne Unbehagen getrunken werden kann.

Hartmut Schmitt

Trinkwasser für Europa

Das Wichtigste im deutschen Sprachraum

Bibliografische Information der Deutschen Nationalbibliothek
Die Deutsche Nationalbibliothek verzeichnet diese Publikation in der Deutschen Nationalbibliografie; detaillierte bibliografische Daten sind im Internet über http://dnb.d-nb.de abrufbar.

Herstellung und Verlag: Books on Demand GmbH, Norderstedt
ISBN 978-3-8334-9969-2

Inhaltsverzeichnis

Vorwort

In meiner schon über zwanzig Jahre währenden Tätigkeit in der Trinkwasserüberwachung führte ich viele Gespräche und Diskussionen mit Entscheidungsträgern und Mitarbeitern von Wasserversorgungsunternehmen, Gesundheitsämtern, Installateuren, Freunden und Bekannten, in meiner Verwandtschaft, an Stammtischen, bei Tagungen und Seminaren, die sich mit unserem Lebensmittel Nr. 1, dem Trinkwasser, befassten. Jeder unserer Mitbürgerinnen und Mitbürger nutzt es, geht in vielfältiger Weise damit um, verlegt Wasserleitungen und andere Installationen in Haus und Garten und weiß oft doch nicht viel mehr, als dass er nur den Zapfhahn aufdrehen muss, um es zum Laufen zu bringen. - Hoffentlich! -

Doch wenn es einmal nicht läuft oder wenn es andere Probleme mit dem Wasser gibt, dann ist der Unmut darüber oft groß. So mancher meint, durch das Trinkwasser erkrankt zu sein. Bei vielen gab es schon Korrosionsschäden, für deren Behebung tief in den Geldbeutel gegriffen werden musste. Wenn es Schwierigkeiten gibt, holt man sich meist bei Freunden und Bekannten Rat, ohne zu bedenken, dass diese über das Trinkwasser oft auch nicht sehr viel mehr wissen als man selbst. Oder man wendet sich an einen Installateur oder das öffentliche Wasserwerk und hofft auf deren fachliche Kompetenz. Besonders schlimm ist es, wenn in den Medien über ein Problem aus dem Trinkwasserbereich berichtet wird. Viele sind völlig verunsichert und rufen sorgenvoll bei den verschiedensten Institutionen an. So manche Zuständige fürchten sich schon vor den Tagen nach solchen Berichten. Blockieren doch besorgte Verbraucher Telefonleitungen und Arbeitszeiten, ohne dass man darauf hoffen kann, diese auch von den Ratsuchenden vergütet zu bekommen. Ähnliches passiert, wenn nicht sonderlich seriöse Vertreter von

Trinkwassernachbehandlungsanlagen durch das Land reisen und die Qualität des abgegebenen Trinkwassers ohne ordnungsgemäße Prüfung nach den Bestimmungen der Trinkwasserverordnung schlecht reden mit dem Ziel, möglichst viele ihrer Anlagen zu verkaufen.

Dieses Buch ist nun vor allem für diejenigen gedacht, die in den wichtigsten und häufigsten Trinkwasserfragestellungen eine schnelle und kurze Antwort suchen, ohne erst umfangreiche wissenschaftliche Werke durcharbeiten zu müssen. Für die meisten Fragestellungen reichen die in diesem Buch gegebenen Informationen bereits völlig aus. Ein Ersatz für wissenschaftliche Werke kann und soll dieses Buch aber nicht sein. Es ist aus der Praxis heraus entstanden und ich hoffe, dass die Praktiker im Umgang mit dem Medium Trinkwasser viel daraus lernen können und immer wieder einmal darin nachschlagen, wenn sie etwas über unser Lebensmittel Nr. 1, das Trinkwasser, wissen wollen oder müssen.

Ein Fachbuch wie das Ihnen jetzt vorliegende kommt ohne die wissenschaftliche Arbeit vieler Fachleute nicht aus. Würdigen Sie daher bei entsprechendem Interesse die Arbeit dieser Frauen und Männer dadurch, dass Sie auch einmal die im Literaturverzeichnis angegebenen Quellen einsehen, aus denen ich neben meinen praktischen Erfahrungen sehr viele Erkenntnisse gewinnen konnte. Im Text selbst sind keine weiteren Literaturhinweise angeführt. Sehen Sie sich daher bitte das Literaturverzeichnis für die Quellen verschiedener wissenschaftlicher und anderer Erkenntnisse an.

Tübingen, im Jahre 2007 *Hartmut Schmitt*

Abkürzungen

Hier sind die wichtigsten Abkürzungen erläutert, die für den Trinkwasserbereich von Bedeutung sind. Weitere Abkürzungen werden im Text erklärt.

AVBWasserV	Verordnung über Allgemeine Bedingungen für die Versorgung mit Wasser
BMG	Bundesministerium für Gesundheit (bis 18.09.2005: BMGS = Bundesministerium für Gesundheit und Soziale Sicherung)
BMELV	Bundesministerium für Ernährung, Landwirtschaft und Verbraucherschutz (bis 18.09.2005: BMVEL = Bundesministerium für Verbraucherschutz Ernährung und Landwirtschaft)
DIN	Deutsches Institut für Normung
DVGW	Deutsche Vereinigung des Gas- und Wasserfachs e.V.
EAS	Europäisches Akzeptanzsystem für Bauprodukte im Kontakt mit Trinkwasser
EG	Europäische Gemeinschaft
EN	Europäische Norm
i.V.	in Verbindung
KTW	Kunststoffe im Kontakt mit Trinkwasser
LMBG	Lebensmittel- und Bedarfsgegenständegesetz
SHK	Sanitär-, Heizungs- und Klimatechnik
TrinkwV 2001	Trinkwasserverordnung in der Fassung vom 21. Mai 2001
UBA	Umweltbundesamt
VDI	Verein Deutscher Ingenieure
WVU	Wasserversorgungsunternehmen

1. Einleitung

Trinkwasser ist zweifellos unser wichtigstes Lebensmittel. Man kann längere Zeit ohne Nahrung auskommen. Doch schon wenige Tage ohne Flüssigkeitsaufnahme bereiten unserem Körper erhebliche Schwierigkeiten. Und tun wir nichts dagegen, führt dies unweigerlich zum Tod. Schon seit Urzeiten siedeln deshalb die Menschen in der Nähe von Wasservorkommen oder sie betreiben einen erheblichen Aufwand, um Trinkwasser zu ihren Siedlungen zu transportieren. Bereits in den Kriegen des Altertums versuchte man, wenn man seinen Gegner anders nicht besiegen oder aushungern konnte, ihn von der Wasserzufuhr abzuschneiden oder dessen Wasserversorgung unbrauchbar zu machen. In jüngster Vergangenheit zeigte die Flutkatastrophe in Südostasien zum Jahreswechsel 2004/2005 und im Spätsommer 2005 der Hurrikan Kathrina im Südosten der USA mit erschreckender Deutlichkeit, welche Bedeutung sauberes Trinkwasser hat. Während man sich in früheren Zeiten noch damit zufriedengab, wenn das Wasser einigermaßen klar zum Anwendungsort gelangte, muss es heute zahlreichen Qualitätsanforderungen genügen. Im modernen Europa hat sich die Europäische Gemeinschaft (EG) mit ihren Trinkwasserrichtlinien dieser Thematik angenommen. Nach europäischem Recht mussten dann die Mitgliedsstaaten diese Richtlinie 98/83/EG des Rates über die Qualität von Wasser für den menschlichen Gebrauch vom 3. November 1998 in nationales Recht umsetzen. In Deutschland wurde daraus die Trinkwasserverordnung (TrinkwV) von 2001. Sie ist am 1. Januar 2003 in Kraft getreten und wurde im Bundesgesetzblatt Jahrgang 2001 Teil I Nr. 24 am 28. Mai 2001 veröffentlicht.

Ziel der Trinkwasserverordnung ist es, durch entsprechende Regelungen und Vorschriften sicherzustellen, dass der Verbraucher in gesundheitlicher Hinsicht unbedenkliches Trinkwasser erhält. Schon vor der neuen Trinkwasserverordnung gab es ältere Trinkwasserverordnungen und davor andere Regelungen, die dieses Ziel verfolgten. Im modernen Europa kommen Beeinträchtigungen der Gesundheit über das Trinkwasser deshalb nur noch sehr selten vor. Dennoch gibt es viele Verbraucher, die mit Sorgen auf ihr Trinkwassers schauen. Mütter mit Kleinkindern, Alte und Kranke reagieren besonders empfindlich, wenn in den Medien Berichte über Colibakterien, Abkochgebot, Legionellen, Nitrat und Kupfer oder Ähnliches im Trinkwasser zu sehen oder zu hören sind. Die Verängstigungen der Verbraucher sind umso größer, je weniger sie um diese Dinge wissen und je weniger sie diese Berichte beurteilen können. In nicht unerheblichem Maße hat dazu auch beigetragen, dass von vielen Seiten aus den verschiedensten Gründen der Eindruck erweckt wird, man könne das Trinkwasser aus dem Wasserhahn nicht mehr unbedenklich trinken.

Ziel dieses Buches ist es nun, Verbrauchern, Versorgern, Hauseigentümern, Betreibern von Gebäuden mit Zugang für die Öffentlichkeit (Krankenhäuser, Altenpflegeheime, Kindergärten, Schulen, Hotels, Ferienheime, Pensionen usw.), Installateuren, Baumärkten, Herstellern und Vertreibern von hausinternen Trinkwasseraufbereitungsanlagen und allen anderen, die mit dem Thema Trinkwasser befasst sind, praktische Tipps und Hinweise zu geben, wie man mit diesen Sorgen und Ängsten der Verbraucher umgehen kann. Die Schwerpunkte werden dabei auf Dinge gelegt, die eigentlich beim Gebrauch des Trinkwassers alltäglich sind, die aber kaum jemand kennt oder denen sich kaum jemand bewusst wird, wenn er den Wasserhahn aufdreht. Weiterhin sollen Informationen zu Wasserinhaltsstoffen gegeben werden, für die es Grenzwerte in der Trinkwasserverordnung gibt, die in der Trinkwasserverordnung Erwähnung finden oder sonst von Bedeutung sind. Ich hoffe, dass die Leserinnen und Leser nach dem Studium dieser Lektüre mehr Verständnis für das Medium Trinkwasser aufbringen. Und ich hoffe weiterhin, dass sie auch nachvollziehen können, warum die Wasserversorgungsunternehmen sehr viel Geld und qualifiziertes Personal benötigen, um den Verbrauchern Trinkwasser in ausreichender Menge und Qualität zur Verfügung stellen zu können.

Das Wesen der Trinkwasserversorgung ist nämlich die Bereitstellung einer ausreichenden und qualitativ hochwertigen Menge Trinkwassers. Je nach Region kann die Bewältigung dieser Aufgabe mit erheblichen Schwierigkeiten verbunden sein. Dies liegt vor allem daran, dass das Trinkwasser auf seinem Weg vom Niederschlag zum Zapfhahn des Verbrauchers einer ganzen Reihe von Einflüssen unterliegt. Diese Einflüsse bewirken nicht nur unterschiedliche Wassermengen, die zur Verfügung stehen, sondern sie sind auch für qualitative Veränderungen der Wasserzusammensetzung verantwortlich.

Die Aufgabe der Wasserversorgungsunternehmen ist es nun, diese Einflüsse bei der Bereitstellung des Wassers für den Verbraucher zu berücksichtigen. In manchen Regionen haben diese Einflüsse keine negativen Auswirkungen auf die Wasserqualität. Hier kann das Wasserversorgungsunternehmen das Wasser so verwenden, wie es aus dem Untergrund gefördert wird. In anderen Regionen wird das Wasser dagegen so stark beeinflusst und möglicherweise sogar so stark verändert, dass es erst in geeigneter Art und Weise aufbereitet werden muss, bevor es dem Verbraucher zur Verfügung gestellt werden kann.

Diese unterschiedlichen regionalen Gegebenheiten sind dafür verantwortlich, welchen Aufwand man treiben muss, bevor das Wasser Trinkwasserqualität aufweist. Der erforderliche Aufwand bestimmt schließlich auch, welche Kosten der Verbraucher für sein Trinkwasser bezahlen muss. Ein besonders deutliches Beispiel für diese unterschiedlichen regionalen Bedingungen sind die unterschiedlichen Härten des Trinkwassers. Die Verbraucher bemerken dies vor allem dann, wenn sie ihren Wohnort wechseln und am neuen Wohnort die Wasserzusammensetzung deutlich anders ist als am alten Wohnort. Derartige Unterschiede können auch dann bemerkt werden, wenn an einem Wohnort die Wasserversorgung auf ein anderes Wasser aus den verschiedensten Gründen umgestellt werden muss.

Da die Wasserversorgung meist in öffentlichen Händen liegt, bleibt es nicht aus, dass unzufriedene Verbraucher die öffentlichen Wasserversorgungsunternehmen kritisieren. Dies kann sogar zu heftigen Auseinandersetzungen und Diskussionen in den betroffenen Regionen kommen. Auf Bürgerversammlungen oder anderen Veranstaltungen kann es für die Verantwortlichen dann zu einer unangenehmen Aufgabe werden, die in der Regel fachunkundigen Verbraucher über die örtlichen Gegebenheiten, das technisch Machbare und die dafür anfallenden Kosten zu informieren. Bei solchen Gelegenheiten kommt es oft zu heftigen Diskussionen mit einem Schlagabtausch mehr oder weniger gut begründeter Argumente. Je besser die einzelnen Parteien dann über die fachlichen Hintergründe der Trinkwasserversorgung informiert sind, um so konstruktiver sind dann auch die jeweiligen Diskussionsbeiträge. Dieses Buch soll auch dazu führen, Fachunkundige so weit in die Trinkwasserthematik einzuführen, damit sie bei derartigen Diskussionen fachlich fundierter argumentieren können. Dies führt dann hoffentlich zu einer Versachlichung der notwendigen Diskussionen und zu für alle vertretbaren Entscheidungen.

2. Herkunft des Trinkwassers

Wer unsere Erde vom Weltraum aus betrachtet, erkennt sofort, dass sie an der Oberfläche außerordentlich wasserreich ist. Rund 71 % der Erdoberfläche sind von Wasser bedeckt. Die absoluten Zahlen und die Prozentsätze variieren von Autor zu Autor etwas. Deshalb kann die folgende Tabelle auch nur als Anhalt für die Wasserverteilung auf der Erde betrachtet werden. Man geht dabei davon aus, dass etwa 1,5 bis 1,65 Milliarden km^3 an der Erdoberfläche Wasser sind. Wäre diese Wassermenge gleichmäßig über die gesamte

Erdoberfläche verteilt, so ergäbe sich eine mittlere Wassertiefe von 2,7 km. Dennoch ist nur ein winziger Bruchteil davon als Trinkwasser nutzbar, nämlich gerade einmal 0,03 %.

Herkunft der Wasservorräte	Prozent
Weltmeere	97
Polareis, Gletscher	2
Grundwasser, Bodenfeuchte	0,6
Seen, Flüsse	0,02
Atmosphäre	0,001
davon Süßwasser	weniger als 3
als Trinkwasser nutzbar	0,03

Tabelle: Wasserverteilung auf der Erde

2.1. Woher kommt mein Trinkwasser?

Wer in der Literatur nachforscht oder im Internet stöbert, wird vielleicht erfahren, dass das Trinkwasser in Deutschland zu etwa 9 % aus Quellwasser, 64 % aus Grundwasser und 27 % aus Oberflächenwasser stammt. Je nach Bundesland variieren die Werte etwas. Quellwässer sind oberflächennah und treten von selbst zutage. Grundwässer liegen tiefer und müssen meist heraufgepumpt werden. Oberflächenwässer stammen aus Fließgewässern, Seen oder Talsperren, eventuell auch als sogenanntes Uferfiltrat.

Doch woher kommt konkret das Wasser aus meinem Wasserhahn? Hier hilft oft nur der Anruf beim Wasserwerk. Manchmal erhält man solche Angaben auch, wenn das öffentliche Wasserwerk die Härtebereiche des Wassers nach dem Waschmittelgesetz einmal jährlich im Gemeindeblatt oder in der Tagespresse veröffentlicht. Noch besser wäre es, wenn man sich einmal die Zeit nimmt, bei einem „Tag der offenen Tür“ des eigenen Wasserwerks vorbeizuschauen. Dort erfährt man meist auch viel Wissenswertes und man hat gleichzeitig fachkundiges Personal zur Hand, dem man seine Fragen stellen kann.

2.2. Vom Niederschlag zum Verbraucher

Alles in Deutschland genutzte Trinkwasser fällt irgendwann einmal als Niederschlag vom Himmel und sickert in den Boden. Nach mehr oder weniger langer Sickerstrecke und -zeit tritt es dann wieder als Quellwasser zu Tage oder es sammelt sich in tieferen Schichten als Grundwasser. Auf dieser Sickerstrecke nimmt es verschiedene Inhaltsstoffe des Bodens auf und verändert damit seine Zusammensetzung und Eigenschaften zum Teil erheblich. Wesentlich hierfür ist die geologische Beschaffenheit des Bodens in den durchflossenen Bereichen. So kommt es, dass es kalkreiche und kalkarme, schadstoffhaltige und schadstofffreie Quell- und Grundwässer usw. gibt. Für Oberflächenwässer gilt das Entsprechende.

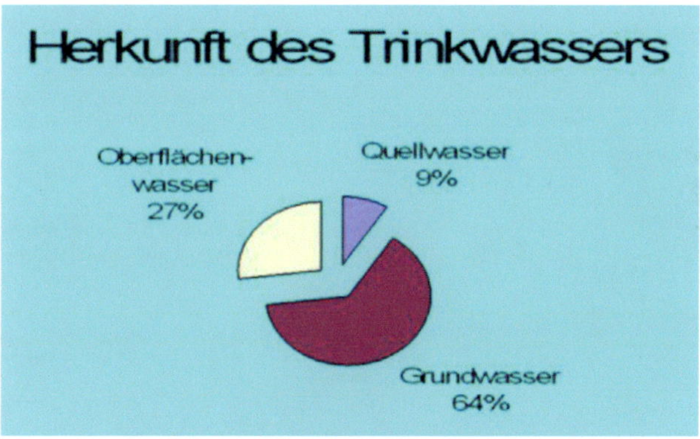

Grafik 1: Herkunft des Trinkwassers

Dann wird das Quell-, Grund- oder Oberflächenwasser über Rohrleitungen und/oder Pumpen in ein Wasserwerk transportiert. Entspricht es in seiner Zusammensetzung und seinen Eigenschaften nicht den Anforderungen der Trinkwasserverordnung, so wird es im Wasserwerk geeignet aufbereitet. Dies kann sogar in mehreren Stufen oder Aufbereitungsschritten erfolgen. Filterung, Flockungsfiltration, Aktivkohlefilterung und Desinfektion sind die häufigsten

Aufbereitungsverfahren. Neuerdings kommen auch zentrale Enthärtungsanlagen hinzu.

Danach verlässt das jetzt als Trinkwasser (fertig aufbereitet wird es oft auch als Reinwasser bezeichnet, das unaufbereitete Wasser nennt man Rohwasser) geeignete Wasser das Wasserwerk und wird über die örtlichen Verteilungsnetze in die einzelnen Häuser geliefert. Hier endet auch der Verantwortungsbereich der öffentlichen Wasserversorgungsunternehmen. An der Übergabestelle sitzt meist ein Wasserzähler, der für die Verbrauchsabrechnungen genutzt wird.

Abb. 1: Quellschachtdeckel, wie er häufig bei kleineren Wasserversorgungen verwendet wird

Von der Übergabestelle bis zum einzelnen Zapfhahn des Verbrauchers ist das hausinterne Installationssystem zuständig. Nach der Übergabestelle haben viele Hauseigentümer eine hausinterne Trinkwassernachbehandlungsanlage installiert, wenn sie der Meinung sind, die öffentliche Trinkwasserqualität genügt nicht ihren persönlichen Ansprüchen. In zahlreichen Fällen werden sogar noch an den Zapfhähnen zusätzliche Anlagen verwendet, bevor das Trinkwasser schließlich vom Verbraucher getrunken oder anderweitig verwendet wird.

2.3. Hauseigentümer als Wasserversorgungsunternehmer

Die neue Trinkwasserverordnung (TrinkwV) legt in einer Reihe von Paragrafen fest, was Trinkwasser und eine Trinkwasserversorgungsanlage eigentlich ist. Die Hausinstallationen wurden erstmals ausdrücklich in die Verordnung aufgenommen. In den nachfolgend zitierten Paragrafen werden diese Neuerungen näher dargestellt:

§ 3 TrinkwV Begriffsbestimmungen (Auszug)

Im Sinne dieser Verordnung

1. *ist „Wasser für den menschlichen Gebrauch" „Trinkwasser" und „Wasser für Lebensmittelbetriebe". Dabei ist*

a) *„Trinkwasser" alles Wasser, im ursprünglichen Zustand oder nach Aufbereitung, das zum Trinken, zum Kochen, zur Zubereitung von Speisen und Getränken oder insbesondere zu den folgenden anderen häuslichen Zwecken bestimmt ist:*

- *Körperpflege und -reinigung,*

- *Reinigung von Gegenständen, die bestimmungsgemäß mit Lebensmitteln in Berührung kommen,*

- *Reinigung von Gegenständen, die bestimmungsgemäß nicht nur vorübergehend mit dem menschlichen Körper in Kontakt kommen.*

Dies gilt ungeachtet der Herkunft des Wassers, seines Aggregatzustandes und ungeachtet dessen, ob es für die Bereitstellung auf Leitungswegen, in Tankfahrzeugen, Flaschen oder anderen Behältnissen bestimmt ist;

b) „Wasser für Lebensmittelbetriebe“ alles Wasser, ungeachtet seiner Herkunft und seines Aggregatzustandes, das in einem Lebensmittelbetrieb für die Herstellung, Behandlung, Konservierung oder zum Inverkehrbringen von Erzeugnissen oder Substanzen, die für den menschlichen Gebrauch bestimmt sind, sowie zur Reinigung von Gegenständen und Anlagen, die bestimmungsgemäß mit Lebensmitteln in Berührung kommen können, verwendet wird, soweit die Qualität des verwendeten Wassers die Genusstauglichkeit des Enderzeugnisses beeinträchtigen kann

2. sind Wasserversorgungsanlagen

a) Anlagen einschließlich des dazugehörenden Leitungsnetzes, aus denen auf festen Leitungswegen an Anschlussnehmer pro Jahr mehr als 1000 m³ Wasser für den menschlichen Gebrauch abgegeben wird,

b) Anlagen, aus denen pro Jahr höchstens 1000 m³ Wasser für den menschlichen Gebrauch entnommen oder abgegeben wird (Kleinanlagen), sowie sonstige, nicht ortsfeste Anlagen,

c) Anlagen der Hausinstallation, aus denen Wasser für den menschlichen Gebrauch aus einer Anlage nach Buchstabe a oder b an Verbraucher abgegeben wird;

3. sind Hausinstallationen

die Gesamtheit der Rohrleitungen, Armaturen und Geräte, die sich zwischen dem Punkt der Entnahme von Wasser für den menschlichen Gebrauch und dem Punkt der Übergabe von Wasser aus einer Wasserversorgungsanlagen nach Nummer 2 Buchstabe a oder b an den Verbraucher befinden;

§ 8 TrinkwV Stelle der Einhaltung

Die nach § 5 Abs. 2 und § 6 Abs. 2 festgesetzten Grenzwerte sowie die nach § 7 festgelegten Grenzwerte und Anforderungen müssen eingehalten sein

1. *bei Wasser, das auf Grundstücken oder in Gebäuden und Einrichtungen oder in Wasser-, Luft- oder Landfahrzeugen auf Leitungswegen bereitgestellt wird,* ***am Austritt aus denjenigen Zapfstellen, die der Entnahme von Wasser für den menschlichen Gebrauch dienen,***

2. *bei Wasser aus Tankfahrzeugen an der Entnahmestelle am Tankfahrzeug,*

3. *bei Wasser, das in Flaschen oder andere Behältnisse abgefüllt und zur Abgabe bestimmt ist, am Punkt der Abfüllung,*

4. *bei Wasser, das in einem Lebensmittelbetrieb verwendet wird, an der Stelle der Verwendung des Wassers im Betrieb.*

§ 14 TrinkwV Untersuchungspflichten (Auszug)

Absatz (1): Der Unternehmer und der sonstige Inhaber einer Wasserversorgungsanlage im Sinne von § 3 Nr. 2 Buchstabe a oder b haben folgende Untersuchungen des Wassers gemäß § 15 Abs. 1 und 2 durchzuführen oder durchführen zu lassen, um sicherzustellen, dass ***das Wasser für den menschlichen Gebrauch an der Stelle, an der das Wasser in die Hausinstallation übergeben wird****, den Anforderungen dieser Verordnung entspricht:*

Abb. 2: Wasserzähler an der Übergabestelle in die Hausinstallation

Diese drei Paragrafen bedeuten, dass der Hauseigentümer für alle Vorgänge, die zwischen der Übergabestelle in die Hausinstallation und dem Zapfhahn beim Verbraucher die Trinkwasserqualität unzulässig beeinträchtigen und die nicht auf die Eigenschaften des öffentlichen Trinkwassers zurückgeführt werden können, verantwortlich ist. Er wird damit zum Wasserversorgungsunternehmer mit ähnlichen Pflichten für seinen hausinternen Versorgungsbereich wie die öffentlichen Wasserversorgungsunternehmen. Zur Beruhigung der

Hauseigentümer sei aber gleich vermerkt, dass die Überwachung ihrer Hausinstallationen bei weitem nicht so streng gehandhabt wird, wie die Überwachung der öffentlichen Verteilungsnetze. Trotzdem sollten sich die Hauseigentümer deshalb aber nicht dazu verleiten lassen, den Zustand ihrer Hausinstallationen soweit zu vernachlässigen, dass für die Verbraucher, insbesondere für Mieter und Gäste, gesundheitliche Beeinträchtigungen zu besorgen sind. Denn für die Folgen evtl. Nachlässigkeiten sind sie trotzdem verantwortlich.

2.3. Nicht nur öffentliche Wasserversorger

Der weitaus größte Teil der deutschen Bevölkerung (über 95 Prozent) wird zwar von öffentlichen Wasserversorgungsunternehmen versorgt, doch gibt es auch viele tausend kleinere private Wasserversorgungen, die die restlichen 4 bis 5 Prozent versorgen. Diese sind meistens den sogenannten Kleinanlagen (§ 3 Nr. 2 Buchstabe b TrinkwV) zuzuordnen. Sie betreffen vor allem viele Gebäude im Außenbereich mit ihren Eigen- und Einzelwasserversorgungsanlagen sowie Hausbrunnen, die nicht vom Versorgungsnetz der Städte und Gemeinden erreicht werden. In jüngster Zeit beobachtet man, dass auch große öffentliche Wasserversorgungsunternehmen von privatwirtschaftlich organisierten Unternehmen übernommen werden (siehe hierzu auch Kapitel 9.).

Die Überwachung dieser Kleinanlagen ist neben den öffentlichen Wasserversorgungsanlagen ebenfalls in die Trinkwasserverordnung aufgenommen worden. Denn die Überwachungspraxis hat gezeigt, dass gerade diese Kleinanlagen vielfach Probleme mit der Trinkwasserqualität haben. Dies liegt einerseits daran, dass die betreffenden Wasservorkommen oft oberflächennah liegen und durch mangelhafte Filterung im Boden nicht hygienisch einwandfrei sind. Andererseits sind viele Betreiber beim ordnungsgemäßen Betrieb und bei der Wartung dieser Anlagen fachlich überfordert. Die Betreiber solcher Anlagen benötigen daher die fachliche Unterstützung durch die Überwachungsbehörden. Zudem bieten die Vorschriften der Trinkwasserverordnung in diesen Fällen die Möglichkeit, Untersuchungen und die Überwachung so zu gestalten, dass sie eine hygienisch ausreichende Sicherheit bieten, finanzierbar bleiben und von Behörden und Betreibern durchführbar sind.

Voraussetzung für eine entsprechende Überwachung ist aber, dass diese Anlagen auch erfasst sind. Sofern nicht bekannt, bemühen sich die Überwachungsbehörden, von den Städten und Gemeinden in Erfahrung zu bringen, wer solche Anlagen betreibt. Der Schwerpunkt wird dabei auf Lebensmittelbetriebe (u. a. auch viele landwirtschaftliche Betriebe, bei denen Milch und andere Lebensmittel mit dem Wasser in Berührung kommen), Gästehäuser, Ferienwohnungen oder solche, die Trinkwasser an Dritte, also nicht nur an die Personen des eigenen Haushalts abgeben, gelegt.

2.4. Sonstige Brunnen und Quellen

In vielen Städten und Gemeinden sieht man noch alte Dorfbrunnen. Meistens zieren sie kleine Schildchen mit der Aufschrift „Kein Trinkwasser“. Dies ist oft ein Zeichen dafür, dass diese Brunnen hygienisch nicht einwandfrei sind oder ihre Wasserqualität nicht regelmäßig überprüft wird.

Manchmal gibt es auch Brunnen und Quellen, an denen Mitbürgerinnen und Mitbürger kistenweise Flaschen oder andere Behältnisse abfüllen, weil sie der Meinung sind, diese Wässer seien von einer besonderen Qualität. Oft entstammt diese Meinung lediglich einer Mundpropaganda. Einer tatsächlichen Prüfung nach der Trinkwasserverordnung würden solche Wässer vielfach nicht standhalten. Daher ist es dringend empfehlenswert, bevor man seine Flaschen abfüllt, sich auf den örtlichen Rathäusern nach der Trinkwasserqualität dieser Wässer zu erkundigen.

Abb. 3: Dorfbrunnen ohne Trinkwasserqualität

2.5. Trinkwasserschutzgebiete

Bei vielen Trinkwassergewinnungsanlagen versucht man, eine Gefährdung durch die Ausweisung sogenannter Trinkwasserschutzgebiete zu minimieren. Man unterteilt die Trinkwasserschutzgebiete in unterschiedliche Schutzzonen, in denen jeweils verschiedene Auflagen und Nutzungsbeschränkungen gelten. Die Wasserschutzgebietsverordnungen sind Ländersache und werden deshalb auch nicht bundeseinheitlich gehandhabt. Die historischen Gegebenheiten vor Ort, vor allem die landwirtschaftliche Nutzung und der Aufbau der Siedlungsgebiete, spielen dabei eine große Rolle.

Insbesondere die landwirtschaftliche Nutzung und die mit den Auflagen meist verbundenen Einbußen bei den Landwirten führen immer wieder zu Auseinandersetzungen. Hier gibt es die Möglichkeit, diese Einbußen durch Entschädigungen zu minimieren. Hierfür wurde in vielen Bereichen eine Wasserentnahmeabgabe eingeführt. Diese Art der Entschädigung für die genannten Einbußen ist jedoch nicht in allen Ländern möglich. In den Ländern Bayern, Nordrhein-Westfalen, Rheinland-Pfalz, Saarland, Sachsen-Anhalt und Thüringen wird kein Wasserentnahmeentgelt erhoben. In Hessen hat man es sogar wieder abgeschafft. Wer hier evtl. Entschädigungen wahrnehmen will, muss sich also erkundigen, ob und wie dies in seinem Bereich möglich ist.

Zurzeit wird bei verschiedenen Institutionen aber auch daran gearbeitet, wie andere Schadstoffeinträge als die aus der Landwirtschaft (z. B. die aus dem Verkehr, den Siedlungsgebieten und der Industrie) von den Oberflächengewässern ferngehalten werden können, wenn diese Gewässer zur Grundwasseranreicherung für Trinkwasserzwecke genutzt werden.

3. Was ist gutes Trinkwasser?

3.1. Anforderungen der Trinkwasserverordnung

Die Anforderungen der Trinkwasserverordnung bestimmen im Wesentlichen, dass das abgegebene Trinkwasser frei sein muss von Krankheitserregern und dass es genusstauglich und rein sein muss. Diese Anforderungen gelten als erfüllt, wenn bei der Wassergewinnung, Wasseraufbereitung und der Wasserverteilung die allgemein anerkannten Regeln der Technik und die entsprechenden Grenzwerte der Trinkwasserverordnung eingehalten werden.

Die Wasserversorger, ob öffentliche Wasserwerke, private Betreiber von Kleinanlagen, Inhaber von Hausinstallationen usw., dürfen Wasser, das diesen Anforderungen und Grenzwerten nicht entspricht, nicht als Wasser für den menschlichen Gebrauch abgeben und anderen nicht zur Verfügung stellen.

Die Trinkwasserverordnung formuliert in ihrem zweiten Abschnitt „Beschaffenheit des Wassers für den menschlichen Gebrauch“ allgemeine Anforderungen, mikrobiologische Anforderungen, chemische Anforderungen und Anforderungen an die sogenannten Indikatorparameter, die das an Verbraucher abgegebene Trinkwasser erfüllen muss.

3.1.1. Die Trinkwassergrenzwerte

Die mikrobiologischen und chemischen Anforderungen sowie die Anforderungen an die Indikatorparameter beinhalten die Grenzwerttabellen für die mikrobiologischen und chemischen Parameter. Kommen Stoffe oder Mikroorganismen im Trinkwasser vor, für die es keinen Grenzwert in den Grenzwertetabellen gibt, so dürfen diese dennoch nicht in Konzentrationen oder Mengen vorhanden sein, die eine gesundheitliche Beeinträchtigung der Verbraucher befürchten lassen. Im Bedarfsfall werden von den Überwachungsbehörden Auflagen zu den entsprechenden Stoffen oder Mikroorganismen erlassen.

Im Folgenden sind die Trinkwassergrenzwerte der Trinkwasserverordnung von 2001 in ihren verschiedenen Anlagen tabellarisch aufgelistet bzw. zitiert.

Anlage 1 TrinkwV (zu § 5 Abs. 2 und 3)

Mikrobiologische Parameter

TEIL I: Allgemeine Anforderungen an Wasser für den menschlichen Gebrauch

Lfd. Nr.	Parameter	Grenzwert (Anzahl/100 mL)
1	Escherichia coli (E. coli)	0
2	Enterokokken	0
3	Coliforme Bakterien	0

TEIL II: Anforderungen an Wasser für den menschlichen Gebrauch, das zur Abfüllung in Flaschen oder sonstige Behältnisse zum Zwecke der Abgabe bestimmt ist

Lfd. Nr.	Parameter	Grenzwert
1	Escherichia coli (E. coli)	0/250 mL
2	Enterokokken	0/250 mL
3	Pseudomonas aeruginosa	0/250 mL
4	Koloniezahl bei 22° C	100/mL
5	Koloniezahl bei 36° C	20/mL
6	Coliforme Bakterien	0/250 mL

Anlage 2 TrinkwV (zu § 6 Abs. 2)

Chemische Parameter

TEIL I: Chemische Parameter, deren Konzentration sich im Vertelungsnetz einschließlich der Hausinstallation in der Regel nicht mehr erhöht

Lfd. Nr.	Parameter	Grenzwert (mg/L)	Bemerkungen
1	Acrylamid	0,0001	Der Grenzwert bezieht sich auf die Restmonomerkonzentration im Wasser, berechnet auf Grund der maximalen Freisetzung nach den Spezifikationen des entsprechenden Polymers und der angewandten Polymerdosis
2	Benzol	0,001	
3	Bor	1	
4	Bromat	0,025 **ab 01.01.2008** 0,01	
5	Chrom	0,05	Zur Bestimmung wird die Konzentration von Chromat auf Chrom umgerechnet
6	Cyanid	0,05	
7	1,2-Dichlorethan	0,003	
8	Fluorid	1,5	
9	Nitrat	50	Die Summe aus Nitratkonzentration in mg/L geteilt durch 50 und Nitritkonzentration in mg/L geteilt durch 3 darf nicht größer als 1 mg/L sein

10	Pflanzenschutzmittel und Biozidprodukte	0,0001	Pflanzenschutzmittel und Biozidprodukte bedeutet: Organische Insektizide, organische Herbizide, organische Fungizide, organische Nematizide, organische Akarizide, organische Algizide, organische Rodentizide, organische Schleimbekämpfungsmittel, verwandte Produkte (u. a. Wachstumsregulatoren) und die relevanten Metaboliten, Abbau- und Reaktionsprodukte. Es brauchen nur solche Pflanzenschutzmittel und Biozidprodukte überwacht zu werden, deren Vorhandensein in einer bestimmten Wasserversorgung wahrscheinlich ist. Der Grenzwert gilt jeweils für die einzelnen Pflanzenschutzmittel und Biozidprodukte. Für Aldrin, Dieldrin, Heptachlor und Heptachlorepoxid gilt der Grenzwert von 0,00003 mg/L
11	Pflanzenschutzmittel und Biozidprodukte insgesamt	0,0005	Der Parameter bezeichnet die Summe der bei dem Kontrollverfahren nachgewiesenen und mengenmäßig bestimmten einzelnen Pflanzenschutzmittel und Biozidprodukte
12	Quecksilber	0,001	
13	Selen	0,01	
14	Tetrachlorethen und Trichlorethen	0,01	Summe der für die beiden Stoffe nachgewiesenen Konzentrationen

TEIL II: Chemische Parameter, deren Konzentration im Verteilungsnetz einschließlich der Hausinstallation ansteigen kann

Lfd. Nr.	Parameter	Grenzwert mg/L	Bemerkungen
1	Antimon	0,005	
2	Arsen	0,01	
3	Benzo-(a)-pyren	0,00001	
4	Blei	0,04 **ab 01.12.2003** 0.025 **ab 01.12.2013** 0,01	Grundlage ist eine für die durchschnittliche wöchentliche Wasseraufnahme durch Verbraucher repräsentative Probe; hierfür soll nach Artikel 7 Abs. 4 der Trinkwasserrichtlinie ein harmonisiertes Verfahren festgesetzt werden, Die zuständigen Behörden stellen sicher, dass alle geeigneten Maßnahmen getroffen werden, um die Bleikonzentration in Wasser für den menschlichen

			Gebrauch innerhalb des Zeitraums, der zur Erreichung des Grenzwertes erforderlich ist, so weit wie möglich zu reduzieren. Maßnahmen zur Erreichung dieses Wertes sind schrittweise und vorrangig dort durchzuführen, wo die Bleikonzentration in Wasser für den menschlichen Gebrauch am höchsten ist
5	Cadmium	0,005	Einschließlich der bei Stagnation von Wasser in Rohren aufgenommenen Cadmiumverbindungen
6	Epichlorhydrin	0,0001	Der Grenzwert bezieht sich auf die Restmonomer-konzentration im Wasser, berechnet auf Grund der maximalen Freisetzung nach den Spezifikationen des entsprechenden Polymers und der angewandten Polymerdosis
7	Kupfer	2	Grundlage ist eine für die durchschnittliche wöchentliche Wasseraufnahme durch Verbraucher repräsentative Probe; hierfür soll nach Artikel 7 Abs. 4 der Trinkwasserrichtlinie ein harmonisiertes Verfahren festgesetzt werden, Die Untersuchung im Rahmen der Überwachung nach § 19 Abs. 7 ist nur dann erforderlich, wenn der pH-Wert im Versorgungsgebiet kleiner als 7,4 ist
8	Nickel	0,02	Grundlage ist eine für die durchschnittliche wö-chentliche Wasseraufnahme durch Verbraucher repräsentative Probe; hierfür soll nach Artikel 7 Abs. 4 der Trinkwasserrichtlinie ein harmonisiertes Verfahren festgesetzt werden
9	Nitrit	0,5	Die Summe aus Nitratkonzentration in mg/L geteilt durch 50 und Nitritkonzentration in mg/L geteilt durch 3 darf nicht höher als 1 mg/L sein. Am Ausgang des Wasserwerks darf der Wert von 0,1 mg/L für Nitrit nicht überschritten werden
10	Polyzyklische aromatische Kohlenwasserstoffe	0,0001	Summe der nachgewiesenen und mengenmäßig bestimmten nachfolgenden Stoffe: Benzo-(b)-fluoranthen, Benzo-(k)-fluoranthen, Benzo-(ghi)-perylen und Indeno-(1,2,3-cd)-pyren

11	Trihalogenmethane	0,05	Summe der am Zapfbahn des Verbrauchers nachgewiesenen und mengenmäßig bestimmten Redaktions-Produkte, die bei der Desinfektion oder Oxidation des Wassers entstehen: Trichlormethan (Chloroform), Bromdichlormethan, Dibromchlormethan und Tribrommethan (Bromoform), eine Untersuchung im Versorgungsnetz ist nicht erforderlich, wenn am Ausgang des Wasserwerks der Wert von 0,01 mg/L nicht überschritten wird
12	Vinylchlorid	0,0005	Der Grenzwert bezieht sich auf die Restmonomer-konzentration im Wasser, berechnet auf Grund der maximalen Freisetzung nach den Spezifikationen des entsprechenden Polymers und der angewandten Polymerdosis

Anlage 3 TrinkwV (zu § 7)

Indikatorparameter

Lfd. Nr.	Parameter	Einheit, als	Grenzwert, Anforderung	Bemerkungen
1	Aluminium	mg/L	0,2	
2	Ammonium	mg/L	0,5	Geogen bedingte Überschreitungen bleiben bis zu einem Grenzwert von 30 mg/L außer Betracht. Die Ursache einer plötzlichen oder kontinuierlichen Erhöhung der üblicherweise gemessenen Konzentration ist zu untersuchen
3	Chlorid	mg/L	250	Das Wasser sollte nicht korrosiv wirken (Anmerkung 1)
4	Clostridium perfringens (einschließlich	Anzahl/ 100 mL	0	Dieser Parameter braucht nur bestimmt zu werden, wenn das

	Sporen)			Wasser von Oberflächenwasser stammt oder von Oberflächenwasser beeinflusst wird. Wird dieser Grenzwert nicht eingehalten, veranlasst die zuständige Behörde Nachforschungen im Versorgungssystem, um sicherzustellen, dass keine Gefährdung der menschlichen Gesundheit auf Grund eines Auftretens krankheitserregender Mikroorganismen, z. B. Cryptosporidium, besteht. Über das Ergebnis dieser Nachforschungen unterrichtet die zuständige Behörde über die zuständige oberste Landesbehörde das Bundesministerium für Gesundheit
5	Eisen	mg/L	0,2	Geogen bedingte Überschreitungen bleiben bei Anlagen mit einer Abgabe von bis zu 1000 m³ im Jahr bis zu 0,5 mg/L außer Betracht
6	Färbung (spektraler Absorptionskoeffizient HG 436 nm)		0,5	Bestimmung des spektralen Absorptionskoeffizienten mit Spektralphotometer oder Filterphotometer
7	Geruchsschwellenwert		2 bei 12 °C 3 bei 25 °C	Stufenweise Verdünnung mit geruchsfreiem Wasser und Prüfung auf Geruch
8	Geschmack		für den Verbraucher annehmbar und ohne anormale Veränderung	

9	Koloniezahl bei 22 °C		ohne anormale Veränderung	Bei der Anwendung des Verfahrens nach Anlage 1 Nr. 5 TrinkwV a. F. gelten folgende Grenzwerte: 100/mL am Zapfhahn des Verbrauchers, 20/mL unmittelbar nach Abschluss der Aufbereitung im desinfizierten Wasser; 1000/mL bei Wasserversorgungsanlagen nach § 3 Nr. 2 Buchstabe b sowie in Tanks von Land-, Luft- und Wasserfahrzeugen. Bei Anwendung anderer Verfahren ist das Verfahren nach Anlage 1 Nr. 5 TrinkwV a. F. für die Dauer von mindestens einem Jahr parallel zu verwenden, um entsprechende Vergleichswerte zu erzielen. Der Unternehmer oder sonstige Inhaber einer Wasserversorgungsanlage hat unabhängig vom angewandten Verfahren einen plötzlichen oder kontinuierlichen Anstieg unverzüglich der zuständigen Behörde zu melden
10	Koloniezahl bei 36 °C		ohne anormale Veränderung	Bei der Anwendung des Verfahrens nach Anlage 1 Nr. 5 TrinkwV a. F. gilt der Grenzwert von 100/mL. Bei Anwendung anderer Verfahren ist das Verfahren nach Anlage 1 Nr. 5 TrinkwV a. F. für die Dauer von mindestens einem Jahr parallel zu verwenden, um entsprechende Ver-

				gleichswerte zu erzielen. Der Unternehmer oder sonstige Inhaber einer Wasserversorgungsanlage hat unabhängig vom angewandten Verfahren einen plötzlichen oder kontinuierlichen Anstieg unverzüglich der zuständigen Behörde zu melden
11	Elektrische Leitfähigkeit	µS/cm	2500 bei 20 °C	Das Wasser sollte nicht korrosiv wirken (Anmerkung 1)
12	Mangan	mg/L	0,05	Geogen bedingte Überschreitungen bleiben bei Anlagen mit einer Abgabe von bis zu 1000 m³ im Jahr bis zu einem Grenzwert von 0,2 mg/L außer Betracht
13	Natrium	mg/L	200	
14	Organisch gebundener Kohlenstoff (TOC)		ohne anormale Veränderung	
15	Oxidierbarkeit	mg/L O_2	5	Dieser Parameter braucht nicht bestimmt zu werden, wenn der Parameter TOC analysiert wird
16	Sulfat	mg/L	240	Das Wasser sollte nicht korrosiv wirken (Anmerkung 1). Geogen bedingte Überschreitungen bleiben bis zu einem Grenzwert von 500 mg/L außer Betracht
17	Trübung	nephelometrisehe Trübungseinheiten (NTU)	1,0	Der Grenzwert gilt am Ausgang des Wasserwerks. Der Unternehmer oder sonstige Inhaber einer Wasserversorgungsanlage hat einen plötzlichen oder kontinuierlichen Anstieg unverzüglich

				der zuständigen Behörde zu meiden
18	Wasserstoff-ionenkonzentration(pH-Wert)	pH-Einheiten	> 6,5 und < 9,5	Das Wasser sollte nicht korrosiv wirken (Anmerkung 1). Die berechnete Calcitlösekapazität am Ausgang des Wasserwerks darf 5 mg/1 $CaCO_3$ nicht überschreiten; diese Forderung gilt als erfüllt, wenn der pH-Wert am Wasserwerksausgang > 7,7 ist. Bei der Mischung von Wasser aus zwei oder mehr Wasserwerken darf die Calcitlösekapazität im Verteilungsnetz den Wert von 10 mg/L nicht überschreiten. Für in Flaschen oder Behältnisse abgefülltes Wasser kann der Mindestwert auf 4,5 pH-Einheiten herabgesetzt werden. Für in Flaschen oder Behältnisse abgefülltes Wasser, das von Natur aus kohlensäurehaltig ist oder das mit Kohlensäure versetzt wurde, kann der Mindestwert niedriger sein
19	Tritium	Bq/L	100	Anmerkungen 2 und 3
20	Gesamtrichtdosis	mSv/Jahr	0,1	Anmerkungen 2 bis 4

Anmerkung 1: *Die entsprechende Beurteilung, insbesondere zur Auswahl geeigneter Materialien im Sinne von § 17 Abs. 1, erfolgt nach den allgemein anerkannten Regeln der Technik.*

Anmerkung 2: *Die Kontrollhäufigkeit, die Kontrollmethoden und die relevantesten Überwachungs-*

standorte werden zu einem späteren Zeitpunkt gemäß dem nach Artikel 12 der Trinkwasserrichtlinie festgesetzten Verfahren festgelegt.

Anmerkung 3: *Die zuständige Behörde ist nicht verpflichtet, eine Überwachung von Wasser für den menschlichen Gebrauch im Hinblick auf Tritium oder der Radioaktivität zur Festlegung der Gesamtrichtdosis durchzuführen, wenn sie auf der Grundlage anderer durchgeführter Überwachungen davon überzeugt ist, dass der Wert für Tritium bzw. der berechnete Gesamtrichtwert deutlich unter dem Parameterwert liegt. In diesem Fall teilt sie dem Bundesministerium für Gesundheit über die zuständige oberste Landesbehörde die Gründe für ihren Beschluss und die Ergebnisse dieser anderen Überwachungen mit.*

Anmerkung 4: *Mit Ausnahme von Tritium, Kalium - 40, Radon und Radonzerfallsprodukten.*

Grenzwerte der wichtigsten Desinfektionsmittel

Stoffname	**Grenzwert nach Aufbereitung (mg/L)***	**Zu beachtende Reaktionsprodukte***
Calciumhypochlorit (als Chlor)	mindestens 0,10 höchstens 0,30**	Trihalogenmethane
Chlor	mindestens 0,10 höchstens 0,30**	Trihalogenmethane
Chlordioxid	mindestens 0,10 höchstens 0,30**	Trihalogenmethane
Natriumhypochlorit (als Chlor)	mindestens 0,10 höchstens 0,30**	Trihalogenmethane, Bromat
Ozon	0,05	Trihalogenmethane, Bromat

**) siehe Text unten*

***) Gehalte bis zu 0,6 mg/L Chlor nach der Aufbereitung bleiben außer Betracht, wenn anders die Desinfektion nicht gewährleistet werden kann.*

Die Grenzwerte zu den Desinfektionsmitteln sind im Gegensatz zur alten Trinkwasserverordnung nicht mehr im Verordnungstext enthalten. Sie wurden im Bundesgesundheitsblatt Ausgabe 10/2002 erstmals veröffentlicht. Der Begriff „Grenzwert nach Aufbereitung" hat bei vielen zu Irritationen geführt. In der alten Trinkwasserverordnung hieß es noch „nach abgeschlossener Aufbereitung". So entstand beispielsweise beim Chlor jetzt der Eindruck, als müsse beim letzten Verbraucher am letzten Wasserhahn noch mindestens 0,10 mg/L Chlor nachgewiesen werden, da dieser ja auch nach der Aufbereitung liegt. Dies ist jedoch in der Praxis unmöglich, da Chlor durch verschiedene Prozesse im Verlaufe des Verteilungsnetzes verloren geht. Wollte man die genannten 0,10 mg/L am letzten Wasserhahn gewährleisten, müsste man am Ausgang des Wasserwerks einen unzulässig hohen Chlorgehalt aufrechterhalten. Und das kann nicht Sinn der Trinkwasserverordnung mit ihrem Minimierungsgebot für zugegebene Stoffe sein. Denn die Desinfektion soll ja nicht erst im Verteilungsnetz stattfinden, sondern bereits abgeschlossen sein, wenn das aufbereitete Trinkwasser das Wasserwerk verlässt und den ersten Verbraucher erreicht.

Bei der Zugabe der oben genannten Desinfektionsmittel können Reaktionsprodukte im Trinkwasser entstehen. Deshalb müssen die entsprechenden Grenzwerte für die Reaktionsprodukte ebenfalls eingehalten werden. Eine moderne Alternative für die Zugabe der genannten Chemikalien ist die Verwendung von UV-Desinfektionsanlagen (UV bedeutet: Ultraviolettes Licht). Zuvor muss aber das Wasser geprüft werden, ob es überhaupt für die UV-Desinfektion geeignet ist. Wenn nicht, müsste es zuvor entsprechend aufbereitet werden. Noch neuer sind Ultrafiltrationsanlagen (UF-Anlagen), die sogar Bakterien aus dem Wasser herausfiltern. Diese Anlagen benötigen aber oft eine Voraufbereitung, um die feinen Filterporen nicht allzu schnell zu verstopfen.

Abb. 4: UV-Desinfektionsanlage im Keller einer Einzelwasserversorgungsanlage

Prinzipiell muss gesagt werden, dass alle Desinfektionsverfahren ihre Vor- und Nachteile haben. Deshalb ist es dringend empfehlenswert, vor der Auswahl eines geeigneten Verfahrens zu prüfen, wie die örtlichen Gegebenheiten sind. Es muss weiterhin erwähnt werden, dass der geplante Einbau solcher Anlagen dem Gesundheitsamt gemeldet werden muss, und zwar vor dem Einbau und nicht erst im Nachhinein, damit das Gesundheitsamt gegebenenfalls einschreiten kann, wenn hier fachliche Fehler oder falsche Einschätzungen vorliegen.

3.1.2. Das Chaos mit den Einheiten

Wenn man die Messergebnisse einer Trinkwasseruntersuchung vor sich liegen hat, möchte man sie meistens mit den Grenzwerten der Trinkwasserverordnung oder den Messergebnissen anderer Wässer vergleichen. Sieht man genauer hin, so fällt einem mitunter auf, dass hinter den Zahlenwerten manchmal unterschiedliche Angaben zu den Einheiten stehen. Die gebräuchlichsten Einheiten sind: mg/L (Milligramm pro Liter), mmol/L (Millimol pro Liter), °C (Grad Celsius), °dH (Grad deutscher Härte) und µS/cm (Mikrosiemens pro Zentimeter). Das L für Liter kann sowohl groß als auch klein geschrieben sein.

Dann sieht man weiterhin die Einheiten g/L (Gramm pro Liter), µg/L (Mikrogramm pro Liter), mol/L (Mol pro Liter), mS/m (Millisiemens pro Meter), Härtebereich usw. Das Wichtigste beim Vergleich der Messergebnisse mit Grenzwerten oder anderen Messergebnissen ist es daher, die Zahlenwerte auf die gleichen Einheiten zu bringen. So ist nämlich z. B. ein Milligramm pro Liter (mg/L) 1000 Mikrogramm pro Liter (µg/L) oder 0,001 Gramm pro Liter (g/L). 100 Mikrosiemens pro Zentimeter sind 10 Millisiemens pro Meter.

Bei den Härtebereichen und den deutschen Härtegraden ist die folgende Tabelle mit den nicht gerundeten Werten maßgebend (diese sind bei der Dosierung von Waschmitteln gemäß dem Waschmittelgesetz von Bedeutung):

Härtetabelle

alt (bis 29. April 2007)		neu (ab 30. April 2007)		
Härteber.	**°dH**	**Härteber.**	**$CaCO_3$ (mmol/L)**	**°dH**
1	0 – 7,3	weich	unter 1,5	unter 8,4
2	7,3 – 14,0	mittel	1,5 – 2,5	8,4 - 14
3	14,0 – 21,3	hart	über 2,5	über 14
4	über 21,3			

Tabelle: Härtebereich, Calciumcarbonat ($CaCO_3$) und Grad deutscher Härte im Vergleich

Erscheint beispielsweise bei einem Messergebnis folgende Angabe: **„<0,001 mg/L“**, so bedeutet das, dass der zu prüfender Stoff mit einer Nachweisgrenze von 0,001 mg/L nicht nachgewiesen oder gefunden werden konnte.

Diese Zusammenhänge sind für den Analytiker tagtägliches Brot, für den Verbraucher, der in der Regel in diesen Dingen ein fachlicher Laie ist, aber ein Buch mit sieben Siegeln. Das führt nicht selten dazu, dass die Verbraucher Messergebnisse völlig falsch interpretieren und mitunter kostspielige Maßnahmen, die eigentlich nicht nötig wären, oder – noch schlimmer – falsche oder ungeeignete Aktionen in die Wege leiten. Deshalb kann man nur raten, bevor jemand in Panik gerät oder sich in Unkosten stürzt, einen Fachmann zu befragen, ob man das Messergebnis auch richtig interpretiert hat und die richtigen Schlussfolgerungen zieht. Manchmal geschieht es nämlich, dass jemand, der eine bestimmte psychologische Wirkung erzielen will, nur durch die Wahl der geeigneten Einheiten eine Zahl besonders groß oder besonders klein erscheinen lässt, ohne dass er die Unwahrheit sagt, den unerfahrenen Laien aber dennoch täuscht.

3.2. Anforderungen der Verbraucher

Der Verbraucher kann in der Regel ohne entsprechende Untersuchungsergebnisse mit den Anforderungen der Trinkwasserverordnung zunächst einmal nicht viel anfangen. Seine Anforderungen resultieren, wie es auch die Natur vorgesehen hat, in erster Linie aus seinem sensorischen Wahrnehmungsvermögen. Dies sind vor allem die Eigenschaften des Wassers, die er sehen, riechen und schmecken kann. Das Trinkwasser soll klar und farblos sein, keine Trübstoffe, Partikel, Flocken oder sonstige sichtbare Teile enthalten. Eine Schaumbildung, Schlieren oder schillernde Oberflächen sind ebenfalls unerwünscht. Als besonders ekelerregend wird es empfunden, wenn im Trinkwasser Algen und

Pilze herumschwimmen oder sich sogar kleine Tiere darin bewegen.

Ein nicht zu vernachlässigender Faktor ist die psychologische Einstellung des Verbrauchers zum Trinkwasser. Er darf bei seinem Genuss kein Unbehagen empfinden. Es reicht ihm daher oft nicht aus, wenn ihm der Nachweis geführt wird, dass das Wasser den Anforderungen der Trinkwasserverordnung entspricht. Er muss auch Vertrauen in das gesamte Umfeld der Trinkwasserversorgung haben. Damit wird der vertrauensvolle Umgang vor allem der öffentlichen Wasserversorgungsunternehmen mit ihren Verbrauchern zu einem bedeutenden Faktor.

Die recht unspezifischen Anforderungen der Verbraucher zeigen sich auch dann, wenn sie in einem Labor anrufen, um ihr Trinkwasser untersuchen zu lassen. Sie sprechen dann meistens nicht irgendwelche spezifischen Stoffe an, sondern sie wollen dann ganz einfach wissen, ob ihr Trinkwasser in Ordnung ist und ob man es unbedenklich trinken kann. Eine besondere Rolle spielt dabei oft die Fürsorge für Kleinkinder, Kranke und ältere Menschen. Anlass für derartige Untersuchungswünsche ist in solchen Fällen häufig die sensorische Wahrnehmung von Auffälligkeiten im Trinkwasser.

3.3. Wie werden die Verbraucher informiert?

Die Information der Verbraucher ist im nachfolgend auszugsweise zitierten § 21 der Trinkwasserverordnung geregelt.

§ 21 TrinkwV Information der Verbraucher und Berichtspflichten (Auszug)

(1) Der Unternehmer und der sonstige Inhaber einer Wasserversorgungsanlage im Sinne von § 3 Nr. 2 Buchstabe a

oder b (öffentliche Wasserversorger und Einzelwasserversorger; Anm. des Autors) *haben den Verbraucher durch geeignetes und aktuelles Informationsmaterial über die Qualität des ihm zur Verfügung gestellten Wassers für den menschlichen Gebrauch auf der Basis der Untersuchungsergebnisse nach § 14 zu informieren. Dazu gehören auch Angaben über die verwendeten Aufbereitungsstoffe und Angaben, die für die Auswahl geeigneter Materialien für die Hausinstallation nach den allgemein anerkannten Regeln der Technik erforderlich sind. Der Unternehmer und der sonstige Inhaber einer Wasserversorgungsanlage im Sinne von § 3 Nr. 2 Buchstabe c* (Betreiber der Hausinstallation; Anm. des Autors) *haben die ihnen nach Satz 1 zugegangenen Informationen allen Verbrauchern in geeigneter Weise zur Kenntnis zu geben.*

3.3.1. Information über die Wasserqualität

Wie dieser Paragraf im Einzelfall umgesetzt wird, kann je nach den örtlichen Gegebenheiten sehr unterschiedlich sein. Bei öffentlichen Wasserversorgern werden die Untersuchungsergebnisse häufig im Gemeindeblatt abgedruckt. Bei anderen wiederum werden sie im Rathaus ausgehängt oder sie können in den zuständigen Ämtern eingesehen werden. In zunehmendem Maße kann man die Angaben auch im Internet finden.

Wichtig ist in diesem Paragrafen, dass auch die Betreiber der Hausinstallationen (z. B. die Vermieter) ihre Verbraucher (z. B. die Mieter) informieren müssen. Dies betrifft vor allem auch die Häuser, in denen die öffentliche Wasserqualität durch hausinterne Trinkwassernachbehandlungsanlagen verändert wird.

Zu diesen Angaben gehören nicht nur die Angaben gemäß der Trinkwasserverordnung sondern auch einmal im Jahr die Angabe des Härtebereichs nach dem Waschmittelgesetz (siehe hierzu auch die Härtetabelle in Kapitel 3.1.2. Das Chaos mit den Einheiten).

3.3.2. Angaben für die Auswahl geeigneter Materialien

Während die Informationspflichten zu den Angaben über die Trinkwasserqualität meistens funktionieren, zumindest bei den öffentlichen Wasserversorgern, sieht man Angaben für die Auswahl geeigneter Materialien beim Bau von Hausinstallationen wesentlich seltener. Selbst mancher Architekt und mancher Installationsbetrieb orientiert sich bei der Auswahl der Materialien nicht an der örtlichen Wasserzusammensetzung sondern entscheidet sich für Materialien, mit denen er anderen Orts bereits gute Erfahrungen gemacht hat. Dies betrifft auch Bauherren, die ihre Hausinstallationen in Eigenarbeit verlegen oder sanieren und sich die dafür erforderlichen Materialien in Baumärkten besorgen.

Dieser Punkt ist aber wichtig, da Trinkwasser als unser wichtigstes Lebensmittel bis zum Zapfhahn beim Verbraucher keine unzulässigen Qualitätseinbußen erleiden darf. Auf dem Weg dorthin darf das Trinkwasser also nur mit solchen Materialien in Berührung kommen, die weder Stoffe an das Wasser abgeben noch das Wachstum von Mikroorganismen fördern. Weiterhin dürfen zwischen den Rohrinnenwandungen und dem durchfließenden Trinkwasser keine Wechselwirkungen stattfinden, die Korrosionsschäden hervorrufen.

Bei **metallischen Werkstoffen** ist für die Auswahl eine repräsentative Analyse des Trinkwassers an der Stelle erforderlich, an der der Werkstoff eingebaut werden soll. Bestehen Zweifel, ob die Wasseruntersuchungen des Wasserversorgungsunternehmens repräsentativ für den geplanten Einsatzort der Materialien sind, so müssen Einzelprüfungen durchgeführt werden.

Siehe hierzu auch die Tabelle „Anforderungen an Wasserinhaltsstoffe für die Auswahl metallischer Werkstoffe im Trinkwasserverteilungsnetz gemäß DIN EN 12502, Teil 1 – 5 und DIN 50930, Teil 6“ im Kapitel 3.3.4. Korrosion im Trinkwasserbereich. Doch Vorsicht! Manchmal ändern sich die Wasserversorgungsverhältnisse und damit die Wasserzusammensetzung. Dies könnte auch Auswirkungen auf die geeigneten Materialien haben. Wenn also das Wasserversorgungsunternehmen bekannt gibt, dass sich aufgrund einer Umstellung oder durch die Inbetriebnahme eines neuen Wasserwerks die Wasserzusammensetzung verändert hat, überprüfen Sie die neuen Werte mit der genannten Tabelle. Sollten ihre Werkstoffe in der Hausinstallation nicht mehr mit den geeigneten Werkstoffen in der Tabelle übereinstimmen, müssten Sie gegebenenfalls etwas unternehmen, um Korrosionsschäden möglichst zu vermeiden. Allerdings kann es auch vorkommen, dass ein Wasser, das nach der genannten Tabelle für ein bestimmtes Leitungsmaterial nicht geeignet ist, trotzdem keine Korrosionsprobleme verursacht. Wer aber nach vielen Jahren keinerlei Korrosionserscheinungen (z. B. rostfarbenes Wasser oder Eintrübungen nach der Stagnationszeit über Nacht) bemerkt hat, obwohl seine Rohrleitungsmaterialien für das vorliegende Wasser „nicht geeignet“ wären, sollte beim Lesen dieser Zeilen nicht gleich einen Schreck bekommen. In den entsprechenden DIN EN Normen wird von einer erhöhten Korrosionswahrscheinlichkeit gesprochen, von einem sicheren Korrosionsverlauf wird aber nicht gesprochen. Eine Überprüfung des Sachverhaltes ist aber dennoch zu empfehlen, um nicht unangenehm überrascht zu werden. Hier wird einmal mehr deutlich, wie unvollkommen die wissenschaftlichen Erkenntnisse auch auf diesem Gebiet noch sind.

Um die oben genannte Tabelle überhaupt anwenden zu können, ist es aber erforderlich, dass man weiß, welche Rohrleitungsmaterialien im Haus verlegt sind. Wenn man hierzu keinerlei Angaben hat, hilft einem vielleicht die folgende Tabelle:

	Dicke der Zuleitung zum Wasser-hahn	Mag-netisch ja/nein	Die blanken Rohre sind	Härte	Rohrver-bindungen	Ecken
Kup-fer	finger- bis daumen-dick	nein	rötlich glänzend, selten verzinnt	mittel	gelötet, mit Muffen (selten Quetschver-schraubun-gen)	Winkel oder gebo-gen
Eisen ver-zinkt	dicker als der Dau-men	ja	silbrig matt glänzend	hart	verschraubt, Gewinde ins Rohr geschnitten	immer Winkel
Blei	dicker als der Dau-men	nein	silbrig matt	weich	gelötet ohne Muffen	immer gebo-gen
Edel-stahl	finger- bis daumen-dick	nein	silbrig glänzend	hart	Quetschver-schrau-bungen	immer Winkel

Tabelle: Metallische Rohrmaterialien in der Hausinstallation

Sollte diese Tabelle nicht helfen, ist es ratsam, einen Fachmann hinzuzuziehen, bevor man sich selbst und andere täuscht und doch noch Korrosionsschäden erleidet. Bei den Rohrverbindungen sollte man aufpassen, da neuerdings sehr viele Rohre verpresst werden.

Kunststoffmaterialien müssen den Anforderungen der DIN 1988, den Anforderungen der Trinkwasserverordnung, dem Lebensmittel- und Bedarfsgegenständegesetz (LMBG), den Prüfungen nach KTW-Empfehlungen und den DWGW-Richtlinien entsprechen. Weiterhin sollten Kunststoffe wiederholt hohe Temperaturen aushalten können, damit sie gegebenenfalls bei thermischen Sanierungsmaßnahmen bei Legionellenbefall nicht Schaden nehmen. Nicht selten sind Kaltwasserrohre so verlegt, dass das Kaltwasser trotz Isolierung bei längeren Stillstandszeiten die Umgebungstemperatur annimmt und damit eigentlich kein Kaltwasser mehr ist. Hier treten dann Probleme auf, die sowohl zu Korrosionsschäden als auch zur Vermehrung von Legionellen führen können. Siehe hierzu auch das entsprechende Kapitel „Legionellen im Warmwasserbereich“.

Hilfsstoffe (z. B. Gewindeschneid-, Fluss-, Entkalkungs- und Reinigungsmittel), die die vorgenannten Anforderungen nicht erfüllen, müssen z. B. durch Spülungen so weit entfernt werden, dass eine Gefährdung oder eine Beeinträchtigung der Trinkwasserqualität nicht mehr gegeben ist.

3.3.3. Trinkwasser und Werkstoffe

Für den Trinkwassernutzer stellt sich immer wieder die Frage, welche Materialien beziehungsweise Werkstoffe er denn im Trinkwasserbereich verwenden soll. Für den Wasserversorger betrifft dies vor allem die Trinkwasserhochbehälter und das öffentliche Verteilungsnetz, für den Verbraucher die Hausinstallation. In der Vergangenheit wurden hier die unterschiedlichsten Werkstoffe eingesetzt. Die praktischen Erfahrungen mit den verwendeten Werkstoffen ergaben vielfach sehr unterschiedliche Ergebnisse. Man stellte fest, dass nicht jeder Werkstoff für alle Wasserzusammensetzungen und Betriebsbedingungen geeignet ist. Hier machten sowohl die Wasserversorger als auch die Verbraucher zum Teil sehr unterschiedliche Erfahrungen. Diese Erfahrungen wichen zum Teil auch von der im vorangegangenen Kapitel empfohlenen Tabelle ab. Aus diesem Grund soll im Folgenden auf einige dieser Erfahrungen mit verschiedenen Werkstoffen etwas näher eingegangen werden. Diese erheben aber keinen Anspruch auf Vollständigkeit und sollen auch kein negatives Bild auf die einen oder anderen Materialien werfen. Wenn man jedoch manche Materialeigenarten kennt, kann man sich besser darauf einstellen.

Bei der Betrachtung der Werkstoffe stehen im Wesentlichen zwei Gesichtspunkte im Vordergrund: Die Haltbarkeit des Werkstoffs und evtl. Beeinträchtigungen des Trinkwassers durch die Wechselwirkungen mit den Werkstoffen. Der letztgenannte Gesichtspunkt hat heute im Vergleich zu früher einen höheren Stellenwert. Dabei spielen in der Hausinstallation der Verbraucher vor allem Verunreinigungen mit Blei, Zink, Kupfer und herstellungsbedingte Verunreinigungen der Installationsrohre ebenso eine Rolle wie Lochfraß, die Braunfärbung des Wassers durch Eisen oder Kontaminationen des Trinkwassers durch Weichmacher und Lösemittel in Kunststoffen und Klebern wie auch Verkeimungen des Trinkwassers durch diese Materialien.

Wenn man die Frage nach einem idealen Werkstoff im Kontakt mit dem Trinkwasser stellt, wird man je nach den Erfahrungen des Antwortenden viele verschiedene Werkstoffe genannt bekommen. Im öffentlichen Wasserverteilungsnetz dürften hierbei mit Zementmörtel ausgekleidete **Stahlrohre** und **Kunststoffrohre** aus Polyolefinen (Polyethen PE als HDPE, LDPE oder PE-X sowie Polypropen PP) und in den Hausinstallationen **Edelstahl** und die modernen mehrschichtigen **Verbundrohre** (Kunststoff, Aluminium, Kunststoff) immer häufiger eingesetzt werden, obwohl auch andere Werkstoffe bei entsprechenden örtlichen Gegebenheiten klaglos ihren Dienst verrichten.

In **zementmörtelausgekleideten Rohren** finden in der Einfahr- und Spülphase noch verschiedene chemische Reaktionen statt, die vor allem in weichen Wässern zu einem pH-Wert-Anstieg in die Größenordnung von 11 bis 12 führen können. Diese pH-Werte überschreiten den Trinkwassergrenzwert von 6,5 bis 9,5 und können deshalb im Trinkwasser nicht toleriert werden. Hier sollte bei den Herstellern erfragt werden, mit welchen Maßnahmen dieser Effekt möglichst gering gehalten werden kann.

Glas wäre ein idealer Werkstoff, da es sehr beständig ist und die Qualität des Wassers nicht beeinträchtigt. Für die Auskleidung von Behältern ist es aber dennoch nur bedingt geeignet, da das Fugenmaterial an den Verbindungsstellen oft der problematischere Werkstoff ist. Für die Verwendung als

Rohrleitungen ist es sehr teuer und nicht bruchfest. Manchmal wird es trotzdem bei hochreinen Wässern verwendet. Dagegen hat es sich millionenfach für Transportzwecke und zur Aufbewahrung von Trinkwasser oder Mineralwasser bewährt, wie die vielen Sprudel- bzw. Mineralwasserflaschen u. a. beweisen.

Verzinkte Eisenrohre (in ca. 6 % der Haushalte) findet man vor allem in den Hausinstallationen. In vielen Fällen bieten sie durch die verzinkte Oberfläche einen ausreichenden Korrosionsschutz. Andererseits ist es nicht selten, das je nach der Wasserbeschaffenheit in solchen Hausinstallationen Zinkgehalte von 1 bis 10 mg/L gefunden werden. Frei von Korrosionserscheinungen sind also solche Rohre auch nicht. Erkennen kann man diese häufig am Zinkgeriesel (sandähnliche Rückstände) in den Sieben der Strahlregler oder an einer Braunfärbung des Wassers nach Stagnations- bzw. Stillstandszeitenzeiten.

Im Warmwasserbereich sollte man auf verzinkte Eisenrohre nach Möglichkeit verzichten, da diese dort nicht ausreichend beständig sind. Gerade aus älteren Leitungen kann nach längerer Stillstandszeit braunes bis rostfarbiges Wasser austreten. Zudem können bei Korrossionsvorgängen aus der Zinkschicht Bleiverunreinigungen ins das Trinkwasser übergehen.

Kupfer (in ca. 44 % der Haushalte verzinntes Kupfer unter 1 %) bildet keine dichten Deckschichten wie zum Beispiel das Zink. Hier kommt die Korrosion durch das Aufzehren des Sauerstoffs in den Rohrleitungen zum Stillstand. Wünschenswert wäre in Kupferrohren die Ausbildung eines Malachitrasens, dessen Löslichkeit ausreichend gering ist, um das Wasser vor hohen Kupferwerten zu bewahren. Die Bedingungen für eine derartige Ausbildung sind jedoch oft nicht gegeben. Eine große Rolle bei der Korrosion von Kupferrohren haben in der Vergangenheit Kohlenstoffbeläge gespielt. Sie entstehen durch die Verbrennung organischer

Gleitmittel auf heißen Kupferrohren. Dies kann sowohl beim Herstellungsprozess als auch bei der Verarbeitung geschehen.

Obwohl **Edelstahlrohre/V4A** (in ca. 9 % der Haushalte) im Trinkwasserbereich sehr gute Werkstoffeigenschaften aufweisen, sind auch sie nicht ganz frei von Korrosionserscheinungen. Rückstände auf der Rohroberfläche (z. B. Abrieb von unlegiertem Stahl) können Anlass für Lochfraß sein. Salzanreicherung in Spalten führen zu Lokalelementen mit Loch- und Muldenfraß. Unsachgemäße Schweißarbeiten mit der Bildung von Anlauffarben (Oxide) sind oft auch eine Ursache für die Edelstahlkorrosion. Neuerdings wird Edelstahl auch als Werkstoff für die Auskleidung von Trinkwasserhochbehältern eingesetzt.

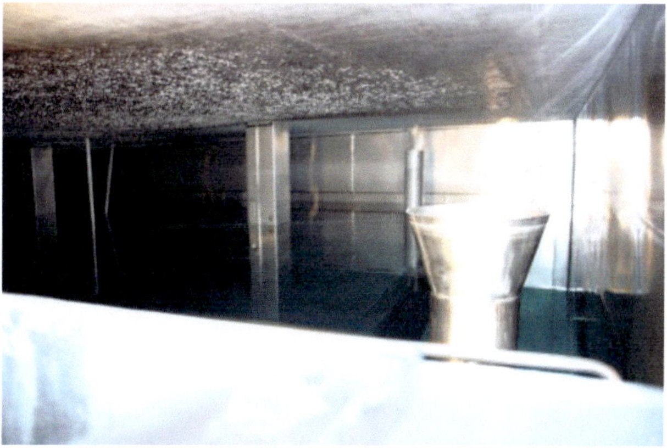

Abb. 5: Mit Edelstahl ausgekleideter Trinkwasserbehälter

Da Edelstahl (rostfreier Stahl) neuerdings häufiger in den Hausinstallationen verwendet wird, sollen einige Beispiele für die Einsatzmöglichkeiten gängiger Edelstahlwerkstoffnummern genannt werden.

Die folgende Tabelle zeigt die Eigenschaften verschiedener Edelstahlwerkstoffe gegenüber der Umgebungsluft. Dies ist insofern von Bedeutung, da Rohrleitungen auch von außen korrodieren können (z. B. durch Kondenswasserbildung).

	Werkstoff und Werkstoffnummer			
	Ferritischer Stahl	**Austenitischer Stahl**		
Einsatzort		**1.4301**	**1.4541**	**1.4571**
ländliche Umgebung oder normale Stadtatmosphäre	bedingt geeignet	geeignet	geeignet	Geeignet
stark belastete Industrieatmosphäre	ungeeignet	bedingt geeignet	bedingt geeignet	Geeignet
salzhaltige Seeathmosphäre	ungeeignet	ungeeignet	ungeeignet	Geeignet

Die nächste Tabelle zeigt die Einsatzbereiche verschiedener Edelstahlwerkstoffnummern für unterschiedliche Chloridgehalte und Wassertemperaturen des in den Rohren fließenden Wassers. Für die meisten Trinkwasserzwecke dürften die Werkstoffnummern 1.4571 und 1.4401 geeignet sein. Vorsichtig muss man jedoch mit Enthärtungsanlagen sein, die auf dem Prinzip des Ionenaustauschers mit Natriumchlorid als Regenerationsmittel arbeiten. Steigen hier die Chloridgehalte zu hoch an, könnte es bei sehr heißen Wassertemperaturen zu Problemen kommen.

Einsatzbereich	**Chlorid bei 20 °C (mg/L)**	**Chlorid bei 70°C (mg/L)**	**Werkstoffnummer**
Trink-, Industriewasser	100	50	1.4301, 1.4541
Trink-, Industriewasser	400	200	1.4571, 1.4401
Kühl-, Brauch, Mineralwasser	1.000	500	1.4435, 1.4436
Meer-, Brackwasser Solen	20.000	5.000	1.4439, 1.4539
Meer-, Chemiewasser	25.000	10.000	1.4566, 1.4562

Die Korrosionsvorgänge bei verschiedenen Metallen sind zum Teil außerordentlich kompliziert und in vielen Bereichen noch nicht vollständig erforscht, da hier viele verschiedene Einflussgrößen eine Rolle spielen. Deshalb soll hier nicht näher darauf eingegangen werden. Zu den praktischen Erfahrungen gehört aber auch, dass ein gewisser Zusammenhang zwischen den Korrosionsvorgängen und dem pH-Wert besteht. Je höher der pH-Wert, um so geringer sind offenbar auch die Korrosionserscheinungen. Liegen die pH-Werte etwa zwischen 7,8 und 8,5 (möglicherweise auch bis 9,5), so scheint dies in korrosions-chemischer Hinsicht besonders günstig zu sein. Hier könnte auch die Planung einer zentralen Enthärtung hineinspielen, da der günstige pH Bereich meist nur in den Härtebereichen 1 und 2 realisierbar ist.

In das diffuse Gleichgewicht zwischen der Bildung und Zerstörung von Deckschichten in bestehenden metallischen Rohrleitungen versucht man, durch die **Dosierung von Phosphaten** einzugreifen. Dies ist aber nicht immer erfolgreich. Sicher ist nur, dass bei wenig durchflossenen Rohren aus Eisenwerkstoffen die braune Farbe verschwindet, weil die Eisenphosphate und die Anlagerungen von Phosphat an Eisenhydroxid weiß sind. Nimmt man weiterhin an, dass die Pusteln der Eisenkorrosion nicht sehr stabil sind, so kann die Neubildung durch Phosphat unterbunden werden, denn sowohl zweiwertiges als auch dreiwertiges Eisen bilden schwerlösliche Phosphate. Wirksam ist hierbei aber nur das Monophosphat. Polyphosphate wirken eher als Korrosionsinhibitoren denn als Deckschichtbildner.

Die **Dosierung von Silikaten** hat vermutlich deshalb einen positiven Effekt, weil dadurch der pH-Wert angehoben wird.

Kunststoffe und die modernen **Verbundwerkstoffe** (PEX in 13 %, PVC-C in 2 %, PP in 5 %, PB in 1 %, Verbundwerkstoffe in 19 % der Haushalte) haben viele ihrer früheren Nachteile durch zwischenzeitliche Qualitätsverbesserungen verloren und erfreuen sich zunehmender Beliebtheit. Hier führten Keimwachstum, geruchliche und geschmackliche Beeinträchtigungen sowie die Temperaturempfindlichkeit im Warmwasserbereich in der Vergangenheit immer wieder zu

Problemen. Verwendet man qualitativ hochwertige moderne Materialien und verarbeitet man diese fachgerecht, so beobachtet man diese Probleme nur noch in seltenen Einzelfällen.

In der Wasserversorgung sind Kunststoffe als Werkstoffe auf jeden Fall nicht mehr wegzudenken. Ihre vielfältigen Einsatzmöglichkeiten lassen kaum eine einheitliche Bewertung zu. Die beste Möglichkeit wird es sein, aus den Fehlern in der Vergangenheit im Umgang mit diesen Werkstoffen zu lernen und diese zukünftig zu vermeiden.

An Biegungen mit zu kleinem Radius werden sie brüchig und undicht. Anerkannte Regel der Technik ist es inzwischen, die Polymere beim Herstellungsprozess nach der Formgebung zusätzlich zu vernetzen oder den Biegeradius entsprechend den Materialeigenschaften zu begrenzen. Weichmacher werden nach und nach ausgewaschen und lassen Kunststoffe wieder spröde werden. Sie und andere Zusätze zu den Kunststoffen bringen immer wieder einmal Geruchs- und Geschmacksbeeinträchtigungen mit sich und fördern zudem teilweise auch die Bildung von Biofilmen, was zu einer unzulässigen Verkeimung des Trinkwassers führen kann.

Die Durchlässigkeit von Kunststoffen für Gase und Lösemittel wird oft unterschätzt. Sie ist zum Beispiel Ursache für Korrosionsschäden in Heizungsanlagen mit Fußbodenheizung. Sauerstoff kann das Kunststoffrohr durchdringen und zu Korrosionsschäden im Heizkessel führen. Verhindern kann man dies durch die Verwendung der modernen Verbundrohre mit Aluminiumummantelung.

Die massive Verkeimung von Trinkwasserspendern (Trinkbrunnen), vor allem durch *Pseudomonas aeruginosa*, ist vielfach auf die Verwendung von ungeeigneten Kunststoffen in diesen Anlagen zurückzuführen. Trübungen des Wassers aus Zapfstellen der Hausinstallation sind nicht nur eine Folge von Korrosionserscheinungen sondern auch auf Ablösungen von Biofilmen oder von schuppenartigen Teilen der Oberfläche der Schlauchleitungen von flexiblen Wellrohren (sogenannte Panzerschläuche, aus Wasserhähnen herausziehbare flexible Leitungen, Duschschläuche usw.) zurückzuführen. Ungeeignete Farbpigmente in Kunststoffen können ebenfalls Anlass für eine Beanstandung sein.

Bei Korrosionsschäden in alten verzinkten Eisenleitungen findet man als Abhilfemaßnahme immer wieder die Verwendung von Innenbeschichtungen aus Epoxidharz. Dies behebt zwar in der Regel die Korrosionsschäden oder deren Auswirkungen, kann aber auch zu geruchlichen und geschmacklichen Problemen führen oder eine Verkeimung des Trinkwassers verursachen. Hier besteht noch eine rechtliche Unsicherheit, ob diese Materialien oder dieses Verfahren überhaupt im Trinkwasserbereich eingesetzt werden darf.

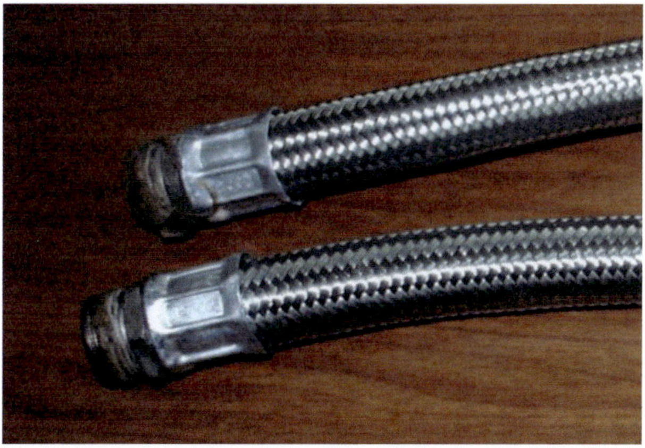

Abb. 6: Panzerschlauch, in dem sich ein Biofilm bildete

Die Prüfung, die für fabrikmäßige Prüfkörper vorliegt, kann nicht automatisch auf **Epoxidharze** übertragen werden, die vor Ort zusammengemischt und in flüssigem Zustand in die Rohrleitungen eingebracht werden, in der Hoffnung, dass die Aushärtung wunschgemäß verläuft. Diese Rechtsunsicherheit wird sogar von einigen Auftraggebern als Vorwand dazu benutzt, die Rechnungen der Installateure nicht zu bezahlen, da die eingesetzten Materialien in dieser Form nach den allgemein anerkannten Regeln der Technik kein DVGW-Prüfzeichen besitzen und damit nicht zugelassen sein sollen. Es ist zu empfehlen, hier einen Sanierungsbetrieb zu beauftragen, der nach dem DVGW-Arbeitsblatt W 545 vom April 2005 (Qualifikationskriterien für Fachfirmen zur Rohrinnensanierung von Trinkwasserinstallationen durch Beschichtung) zertifiziert ist.

Neben den Rohrleitungen können auch **Rohrverbinder** (Fittinge) und Armaturen die Qualität des Trinkwassers beeinflussen. Die meist verwendeten Legierungen Messing und Rotguss enthalten geringe Anteile von Blei, Nickel und anderen Schwermetallen, die sich bei Stillstand des Wassers in diesem lösen. Deshalb sollten auch die verwendeten Rohrverbinder ein DVGW-Prüfzeichen tragen.

Abb. 7: Korrosion in verzinktem Stahlrohr

Die hier angesprochenen Probleme und Schwierigkeiten verdeutlichen, dass die Verbraucher und Wasserversorger bei der Auswahl von Werkstoffen im Trinkwasserbereich umsichtig vorgehen sollten und nicht jedes günstige Angebot auch für ihre Zwecke geeignet ist. Bei ungünstigen Umständen kann dies nicht nur entsprechende Schäden sondern auch langwierige Gerichtsverfahren nach sich ziehen.

3.3.4. Korrosion im Trinkwasserbereich

Auch wenn Korrosionsvorgänge bereits im vorangegangenen Kapitel intensiv behandelt wurden, soll in diesem Kapitel nochmals auf die Thematik eingegangen werden. Es soll aufgezeigt werden, wie eines der größten und bekanntesten Wasserversorgungsunternehmen im süddeutschen Raum, die Bodenseewasserversorgung, die Öffentlichkeit darüber informiert.

In einer kurzen und prägnanten PDF-Datei auf ihrer Internetseite (www.zvbwv.de) fasst die Bodenseewasserversorgung die wichtigsten Punkte hierzu auf zwei Seiten zusammen. Die korrosionschemische Beurteilung des Trinkwassers aus dem Bodensee erfolgt gemäß den Beurteilungskriterien der Trinkwasserverordnung von 2001, der DIN EN 12502, Teil 1 bis 5 (März 2005) sowie der DIN 50930, Teil 6 (August 2001) für die Wechselwirkungen zwischen metallischen Werkstoffen und dem Wasser.

Aus der Tabelle in dieser Datei geht hervor, dass das Trinkwasser aus dem Bodensee gegenüber Kupfer und Kupferlegierungen, schmelztauchverzinkten Eisenwerkstoffen, nichtrostenden Stählen sowie Gusseisen, unlegierten und niedriglegierten Stählen eine sehr geringe Korrosionswahrscheinlichkeit aufweist. Außerdem wird die Bildung von entsprechenden Schutzschichten begünstigt. Sofern Materialien für die Hausinstallationen verwendet werden, die den Anforderungen der allgemein anerkannten Regeln der Technik (zum Beispiel DVGW-Regelwerk oder DIN-Normen) entsprechen, ergeben sich keine Anwendungseinschränkungen für das Trinkwasser aus dem Bodensee.

Weiterhin wird darauf hingewiesen, dass die Mischung des Bodenseewassers mit anderen Wässern auf ihre korrosionschemischen Eigenschaften geprüft werden muss. Die Beeinflussung der Korrosion, ihrer Erscheinungsformen und deren Ausmaß durch Eigenschaften und Art des Werkstoffes, der Wasserbeschaffenheit, der Installationsausführung (zum Beispiel Verarbeitung, verwendete Materialien und Ausführungen bei Verbindungstechniken, Alter) und den Betriebsbedingungen (z. B. Fließgeschwindigkeit, verbrauchsabhängige Entnahmegewohnheiten, Stagnationszeiten) werden ebenfalls dargestellt. Es erfolgt zudem der Hinweis, dass wegen der komplexen Zusammenhänge zwischen diesen Einflussgrößen und wegen der bei einigen Korrosionsarten ausgeprägten Abhängigkeit von zufälligen Ereignissen über das Ausmaß von Korrosionserscheinungen im Allgemeinen nur Wahrscheinlichkeitsangaben gemacht werden können. Zur genaueren Bewertung der Korrosionswahrscheinlichkeit oder gar eines Korrosionsschadens sind fachkundige und erfahrene Personen erforderlich.

Die nachfolgende Tabelle berücksichtigt die Anforderungen an Wasserinhaltsstoffe für die Auswahl metallischer Werkstoffe im Trinkwasserverteilungsnetz gemäß DIN EN 12502, Teil 1 – 5 und DIN 50930, Teil 6. Die DIN EN 12502, Teil 1 – 5 ersetzt dabei die alte DIN 50930, Teil 1 – 5.

Parameter (Einheit)	Gusseisen, unlegierter und niedriglegierter Stahl	Schmelztauchverzinkter Stahl	Kupfer und Kupferlegierungen	Molybdänfreier ferritischer und austenitischer nicht rostender Stahl
Wassertemperatur (°C)	-	< 30	-	-
pH-Wert	> 7,0	-	> 7,5	-
TOC (mg/L)	-	-	≤ 1,5 bei pH ≥ 7,0 bis < 7,4	-
Säurekapazi-	> 2	≥ 2	≥ 1	-

tät bis pH 4,3 (mmol/L)				
Basekapazität bis pH 8,2 (mmol/L)	-	≤ 0,5	-	-
Calcium (mg/L)	> 40	≥ 20	-	-
Calcium (mmol/L)	> 1	≥ 0,5	-	-
Hydrogencar- bonat (mg/L)	> 122	≥ 122	≥ 61	-
Hydrogencar- bonat (mmol/L)	> 2	≥ 2	≥ 1	-
Chlorid (mg/L)	-	-	-	< 213 (Kaltwas- ser) < 53 (er- wärmtes Wasser)
Chlorid (mmol/L)	-	-	-	< 6 (Kalt- wasser) < 1,5 (erwärmtes Wasser)
Sauerstoff (mg/L)	> 3,2 und keine Ausgasungen	-	-	-
Sauerstoff (mmol/L)	> 0,1 und keine Ausgasungen	-	-	-
S_1	-	≤ 3 besser < 0,5	-	-
S_2	-	< 1 oder > 3 oder Nitrat < 0,3 mmol/L bzw. < 19 mg/L	-	-
S_3	-	-	> 1,5	-

Dabei bedeuten: < kleiner als, ≤ kleiner gleich als, > größer als, ≥ größer gleich als.

Tabelle: Anforderungen an Wasserinhaltsstoffe für die Auswahl metallischer Werkstoffe im Trinkwasserverteilungsnetz gemäß DIN EN 12502, Teil 1 – 5 und DIN 50930, Teil 6

Dabei sind die Korrosionswahrscheinlichkeitsfaktoren S_1 bis S_3 wie in folgender Tabelle definiert (Konzentrationsangaben in mmol/L):

$S_1 = \frac{Cl^- + NO_3^- + 2SO_4^{2-}}{K_{s4,3}}$
$S_2 = \frac{Cl^- + 2SO_4^{2-}}{NO_3^-}$
$S_3 = \frac{HCO_3^-}{SO_4^{2-}}$

Tabelle: Korrosionswahrscheinlichkeitsfaktoren S_1 bis S_3

Werden in den Normen abweichende Anforderungen angegeben, sind die in der vorliegenden Tabelle genannten Werte die jeweils schärferen Anforderungen. Die Parameter S_1 bis S_3 können selbst berechnet werden, wenn zu den Parametern der Oberen der letzten beiden Tabellen noch Nitrat und Sulfat bekannt sind.

Wegen der auch heute noch nicht geklärten komplexen Zusammenhänge wird in den genannten Normen nur der Begriff „Korrosionswahrscheinlichkeit" benutzt. Werden die in der Tabelle genannten Anforderungen nicht eingehalten, spricht man von einer erhöhten Korrosionswahrscheinlichkeit. Dies bedeutet aber nicht, dass Korrosionen dann auch zwangsläufig eintreten. Die Tabelle soll eher einen Anhalt dafür geben, welche Materialien bei welcher Wasserbeschaffenheit eher zu Korrosionserscheinungen neigen als andere. Wen die verschiedenen Korrosionsarten und deren Erscheinungsbilder genauer interessieren, der sollte sich die genannten Normen ansehen. Auch wenn die Leserinnen und Leser dieses Buches rein formal in der Lage sind, mit den obigen Tabellen und den entsprechenden Untersuchungsergebnissen abzuschätzen, bei welcher Wasserzusammensetzung welche metallischen Werkstoffe zu einer erhöhten Korrosionswahrscheinlichkeit neigen und welche nicht, sollte eine endgültige Beurteilung erfahrenen Fachleuten vorbehalten bleiben. Das Risiko von Fehleinschätzungen mit möglicherweise erheblichen Folgekosten durch bauliche Schäden infolge fachlicher Unerfahrenheit ist nach meiner Ansicht viel zu groß.

Nicht berücksichtigt werden in den genannten Normen die modernen Kunststoffverbundrohre, die je nach Qualitätsausführung und Betriebsbedingungen durchaus eine Alternative für die metallischen Werkstoffe sein können. Lange Stagnationszeiten können aber praktisch bei allen Werkstoffen zu Problemen führen.

3.3.5. Strategisches Planen bei der Hausinstallation

Wenn man zu Korrosionsproblemen, gesundheitlichen, geschmacklichen oder geruchlichen Beeinträchtigungen im Trinkwasserbereich gerufen wird, hat man oft den Eindruck, dass auf die Planung und Ausführung der Hausinstallation nicht besonders viel Wert gelegt wurde. Dabei hätte man mit einer auf die örtlichen Gegebenheiten eingegangenen Planung und fachlich korrekten Ausführung der Hausinstallation sehr viele Probleme bereits im Vorfeld vermeiden können. Beim Trinkwasser kommt es nicht nur darauf an, dass man es überall da, wo man es gern hätte, es auch zur Verfügung steht. Es sollte auch erfrischend sein, geruchlich und geschmacklich keine Probleme bereiten und auch die sonstigen Anforderungen an Trinkwasser erfüllen.

Die häufigsten Fehler in solchen Fällen sind viel zu groß dimensionierte Leitungen, lange Fließtstrecken, schlechte Temperaturisolierungen, ungeeignete Materialien für die Leitungsrohre, fehlerhafte Verarbeitung in der Hausinstallation und nicht oder nur ganz selten benutzte Leitungsabschnitte. Die genannten Fehler machen sich um so stärker bemerkbar, je größer die Gebäudekomplexe sind und je länger das Wasser stagniert, also in den Hausleitungen gestanden hat.

Je nach dem Nutzungszweck eines Gebäudes kann der Trinkwasserverbrauch völlig verschieden sein. Auch können Verbrauchserhebungen aus früheren Jahrzehnten längst überholt sein, da sich die Verbrauchsgewohnheiten verändert haben und die Gebäudenutzer durch die Verwendung sparsamerer Geräte oder ihr Verhalten mehr Wasser sparen als früher. Diesen Veränderungen der Verbrauchsgewohnheiten sollte bei der Dimensionierung der Leitungen Rechnung getragen werden.

Sehr häufig beobachtet man Trinkwasserprobleme in Gebäudekomplexen, die eine zentrale Übergabestelle der öffentlichen Trinkwasserversorgung besitzen und in denen von dort das Wasser über sehr lange Leitungen in mehrere Einzelgebäude geleitet werden. Hätte jedes dieser Gebäude einen eigenen Anschluss an die öffentliche Wasserversorgung, gäbe es viele Probleme, vor allem mit verzinkten Eisenleitungen und Kupfer, nicht. Selbst wenn man andere Leitungsmaterialien verwendet, sind kurze Fließtstrecken von der Übergabestelle bis zu den Zapfhähnen der Verbraucher sinnvoll. Sind bei der Erschließung des entsprechenden Baugebietes zu wenig Übergabestellen vorgesehen worden, ist es empfehlenswert, mit dem jeweiligen Wasserversorgungsunternehmen über die Einrichtung mehrerer Übergabestellen zu sprechen beziehungsweise zu verhandeln. Dies kann zwar zu höheren Erschließungskosten führen, hilft aber viele spätere Probleme mit veränderter Trinkwasserqualität zu vermindern oder gar völlig zu vermeiden.

Steht Wasser in der Leitung, so wird es irgendwann die Umgebungstemperatur annehmen. In der Praxis kommt es vor, dass das Kaltwasser in den oberen Stockwerken größerer Gebäude Temperaturen über 30 °C erreicht, vor allem, wenn die Kalt- und Warmwasserleitungen direkt nebeneinander geführt werden und die Kaltwasserleitungen schlecht oder gar nicht isoliert sind. Ähnliches kommt vor, wenn die Kaltwasserleitungen durch Heizräume laufen. Aus diesem Grund ist die Isolierung der Trinkwasserleitungen besonders wichtig. Vor allem in größeren Gebäuden kann es vorkommen, dass die Warmwasserleitungen wegen des Legionellenproblems häufiger thermisch saniert werden müssen. Dabei können sie Temperaturen bis fast auf 100 °C ansteigen. Die Materialien für die Leitungsrohre und die Isolierung sollten daher diese Temperaturen dauerhaft ertragen können.

Hinsichtlich geeigneter Werkstoffe beziehungsweise Materialien wurden schon an anderer Stelle dieses Buches entsprechende Ausführungen gemacht. Selbst wenn die Trinkwasserzusammensetzung bei der Auswahl berücksichtigt wurde, kann es später zu Korrosionsproblemen kommen, wenn die Installationsarbeiten fehlerhaft ausgeführt wurden. Es ist daher nicht empfehlenswert, diese Arbeiten von unerfahrenen Heimwerkern oder Auszubildenden durchführen zu lassen.

Bei der Gesamtplanung der Hausinstallation sollte hinterfragt werden, ob wirklich jeder Büroraum oder jedes Gästezimmer ein eigenes Waschbecken benötigt. Außerdem sollte unbedingt vermieden werden, dass Nichttrinkwässer oder Wässer aus modernen Anlagen wie Klimaanlagen oder Luftbefeuchtern usw. auch unter ungünstigen Bedingungen in das Trinkwasserinstallationsnetz zurückdrücken können.

Sollten bei bereits bestehenden Anlagen lange Stillstandszeiten vorkommen oder ist dies bei der Planung besonderer Nutzungszwecke nicht zu vermeiden, ist es sinnvoll, solche Leitungsabschnitte regelmäßig und häufiger zu spülen (z. B. Spülplan durch Hausmeister).

Werden die vorgenannten Punkte bereits bei der Planung einer Hausinstallation berücksichtigt, entstehen viele Probleme erst gar nicht, sodass auch der Aufwand für deren Behebung wegfällt. Zum strategisch richtigen Planung einer Hauswasserversorgung gehört auch die Hinzuziehung eines Unternehmens, das im Installateurverzeichnis eines Wasserversorgungsunternehmens (WVU) eingetragen ist. Dies entspräche auch der Verordnung über Allgemeine Bedingungen für die Versorgung mit Wasser (AVBWasserV). Zu guter Letzt sollte auch eine beständige sachgerechte Wartung mit eingeplant werden.

4. Welche Problemfälle gibt es in der Praxis?

Dieses Kapitel beschäftigt sich mit Problemfällen aus der Praxis, wie sie häufig vorkommen. Wenn sich die Leserinnen und Leser diese Problemfälle einmal genauer ansehen, werden sie wahrscheinlich bereits Erklärungen zu den meisten Trinkwasserproblemfällen bekommen, denen sie in ihrer tagtäglichen Praxis begegnen.

4.1. Chlorgeruch im Trinkwasser

Es ist nicht selten, dass Verbraucher in ihrem Trinkwasser einen mehr oder weniger starken Chlorgeruch bemerken. Viele Wasservorkommen enthalten ständig oder sporadisch, ohne dass man es vorhersehen kann, Bakterien in unzulässigen Konzentrationen. Damit solche Bakterien nicht zu Erkrankungen bei den Verbrauchern führen, müssen diese Wässer nach den Bestimmungen der Trinkwasserverordnung geeignet aufbereitet und gegebenenfalls desinfiziert werden.

Eines der gängigsten und wirksamsten Desinfektionsmittel war schon in der Vergangenheit und ist auch noch heute das Chlor. Wenn Chlor als Desinfektionsmittel verwendet wird, müssen im Wasserwerk ein Mindestgehalt (damit die Bakterien überhaupt abgetötet werden) und ein Höchstgehalt (um die Verbraucher nicht zu schädigen) eingehalten werden.

Der Mindestgehalt ist 0,1 mg/L, der Höchstgehalt 0,3 mg/L. In Ausnahmefällen wird auch ein Höchstgehalt von 0,6 mg/L toleriert. Die entsprechenden Grenzwerte sind im Bundesgesundheitsblatt Ausgabe 10/2003 oder den aktualisierten Listen für Zusatzstoffe enthalten.

Da Chlor leicht flüchtig ist, gast es gerne aus und wird von den Verbrauchern besonders dort wahrgenommen, wo das Wasser stark spritzt oder sprudelt (vor allem im Bereich von Duschen oder Waschbecken). Viele empfinden den Geruch als unangenehm. Da der Geruch eine Sinneswahrnehmung menschlicher Organe ist, empfindet es der eine stärker und der andere schwächer. Die Bedingungen zur Ausgasung können von Haus zu Haus sehr unterschiedlich sein. Daher kommt es vor, dass in einem Haus Chlorgeruch wahrgenommen wird und im Nachbarhaus nichts zu bemerken ist.

Verbraucher, die den Chlorgeruch als unangenehm empfinden und ihn nicht tolerieren können, wenden sich oft an ihr Wasserwerk und verlangen, dass die Chlorkonzentration zurückgefahren wird. Kommt das Wasserwerk diesem Ansinnen nach, macht es sich unter Umständen strafbar. Nämlich dann, wenn die verbliebene Chlormenge das Trinkwasser nicht mehr ausreichend desinfiziert und Verbraucher an Bakterien aus dem Trinkwasserbereich erkranken. Die Wasserwerke müssen also auch bei Beschwerden durch Verbraucher die Chlorgrenzwerte einhalten, selbst wenn sie den Beschwerden der Verbraucher gerne nachgeben würden. Hier ist der Gesundheitsschutz der Verbraucher von höherer Priorität als eventuelle Geruchsbelästigungen bei einzelnen Abnehmern.

Sollte ein Verbraucher mit dem Chlorgeruch absolut nicht zurechtkommen, so gibt es die Möglichkeit, das Chlor mit einem Aktivkohlefilter aus dem Trinkwasser zu entfernen. Die Verwendung eines solchen Filters will aber wohl überlegt sein, da ein nicht fachgerecht betriebener Filter zu Verkeimungen neigt, die die Situation eher verschlechtern als verbessern.

In neuerer Zeit wird das Chlor z. T. durch das weniger geruchsintensive Chlordioxid ersetzt. Völlig geruchlos ist dieses jedoch auch nicht. Hier beträgt der Mindestgehalt 0,05 mg/L und der Höchstgehalt 0,2 mg/L. Eine geruchlose Alternative wäre die Desinfektion durch UV-Bestrahlung oder Ultrafiltration. Diese Arten der Desinfektion wirken jedoch völlig anders als Chlor oder Chlordioxid und können nicht überall eingesetzt werden. Die örtlichen Gegebenheiten müssen dabei berücksichtigt werden. Jede Art der Desinfektion hat schließlich ihre Vor- und Nachteile.

4.2. Braunes Wasser

Sehr häufig ist auch das Phänomen „braunes Wasser aus dem Wasserhahn". Dieses tritt bevorzugt frühmorgens, nach Wochenenden oder nach Ferien auf, wenn der Wasserhahn längere Zeit nicht benutzt wurde. Lässt man den Wasserhahn dann einige Zeit laufen, wird das Wasser wieder klar. In besonders schlimmen Fällen bleibt es aber braun.

Abb. 8: Braunes Wasser in der Hausinstallation

Viele Verbraucher glauben dann, das öffentliche Wasserwerk würde dieses braune Wasser schon so an der Übergabestelle in die Hausinstallation liefern. Es gibt zwar durchaus Fälle, in denen braunes Wasser bereits aus der öffentlichen Versorgungsleitung (Rohrbrüche, Baumaßnahmen an Wasserleitungen, Spülmaßnahmen, Feuerwehreinsätze usw.) kommt, aber meistens handelt es sich um hausinterne Korrosionserscheinungen.

Abb. 9: Korrosion in einem Leitungsrohr zwischen Kupfer und verzinktem Eisen

Ein solches Beispiel zeigt Abbildung 8. Während das Wasser in der Nähe des Wasserzählers (Probenflasche 1) und am häufig benutzten Waschbecken in der Küche (Probenflasche 2) noch klar ist, weist es an einem wenig benutzten Endstrang im Obergeschoss (Probenflasche 3) eine intensive braune Trübung auf. Ursache ist hier eine hausinterne Korrosion durch lange in verzinkten Stahlleitungen stehendes Wasser, sogenanntes Stagnationswasser. In derartigen Fällen ist der Hauseigentümer selbst dafür verantwortlich, dass die Grenzwerte der Trinkwasserverordnung eingehalten werden. Korrosionserscheinungen werden nicht nur durch die Wasserzusammensetzung sondern auch durch ungeeignete Materialien, falsche Dimensionierung der Wasserleitungen, ungeeignete Betriebsbedingungen, unsachgemäße Ausführungen der Installationsarbeiten usw. hervorgerufen. Daher kann die Ursachenforschung recht aufwändig und teuer werden.

Abhilfemaßnahmen können eine Phosphatdosierung oder eine magnetische Behandlung des Wassers sein. In vielen Fällen wird aber das Phänomen dadurch nicht vollständig beseitigt sondern nur deutlich reduziert. Bei den magnetischen Wasserbehandlungsanlagen hört man bei einem Nachfragen die unterschiedlichsten Kommentare über ihre Wirkungsweise. Manche Verbraucher sind mit diesen Anlagen sehr zufrieden, andere wiederum überhaupt nicht. Deshalb sollte man, wenn man sich für den Einbau einer solchen Anlage entscheidet, einen Lieferanten suchen, der eine ausreichend lange Rücknahmezeit (mindestens ein halbes Jahr, besser ein ganzes Jahr) gewährt. Mit herkömmlichen chemischen Untersuchungen kann die Wirkungsweise der magnetischen Wasserbehandlungsanlagen nämlich nicht überprüft werden. Ob diese Anlagen eine Besserung gebracht haben, lässt sich nur durch den Ausbau von Leitungsrohren feststellen. Und dazu benötigt man diese Zeit, um überhaupt einen Effekt in den Leitungsrohren zu beobachten. Nicht selten kommt es vor, dass nach dem Einbau einer solchen Anlage erst einmal über einen längeren Zeitraum die an den Rohrinnenwandungen abgelagerten Stoffe abgegeben werden und das Trinkwasser mehr oder weniger deutlich eintrüben.

4.3. Milchig trübes Wasser

Immer wieder kommt es vor, dass das Wasser, das man in Gefäße abfüllt, ein milchig trübes Aussehen aufweist. Lässt man es dann eine Weile stehen, steigt diese Trübung in Form von ganz kleinen Gasbläschen nach oben und das Wasser wird klar.

Dieses Phänomen hängt mit der Löslichkeit der Gase im Wasser zusammen. Je niedriger die Wassertemperaturen und je höher der Druck im Wasser ist, umso mehr Gase können sich darin lösen. Enthält ein Wasser bei niedrigen Temperaturen und hohem Druck viele gelöste Gase, so werden diese nach den chemisch-physikalischen Gesetzen aus dem Wasser entweichen, wenn ihre Löslichkeitsgrenze durch eine Temperaturenerhöhung und/oder eine Druckerniedrigung überschritten wird. Dies äußert sich dann in dem beobachteten Phänomen.

Temperatur (°C)	**Sauerstoff (mg/L)**	**Stickstoff (mg/L)**	**Kohlendioxid (mg/L)**
0	14,5	22,9	1,0
5	12,7	20,3	0,8
10	11,2	18,1	0,7
15	10,1	16,4	0,6
20	9,2	15,1	0,5
25	8,4	14,1	0,4

Tabelle: Löslichkeit der wichtigsten Luftbestandteile in mg/L Wasser unter Normaldruck

Abb. 10: Gasblasen entweichen aus dem Trinkwasser nach oben

Geschieht dies bereits im öffentlichen Verteilungsnetz und können die Gase nicht aus den Rohrleitungen entweichen, so erfolgt dies beim Verbraucher, wenn er das betreffende Wasser aus dem Wasserhahn laufen lässt. Es handelt sich dabei in der Regel um harmlose Gase wie Stickstoff, Sauerstoff und Kohlendioxid und nicht, wie viele meinen, lediglich um Sauerstoff. Der Anteil des Stickstoffs ist dabei sogar erheblich größer als der des Sauerstoffs. Eine gesundheitliche Beeinträchtigung ist durch dieses Phänomen aber nicht zu erwarten.

4.4. Schleimige Beläge und Flocken

Manchmal kommt es vor, dass Verbraucher an ihrem Wasserhahn schleimige Beläge oder Flocken feststellen. Die Farbe kann von fast durchsichtig hell bis nahezu schwarz variieren. Besorgt rufen sie dann ihr Wasserwerk an, weil sie meinen, diese ekelerregenden Rückstände kämen bereits aus der öffentlichen Wasserversorgung.

Abb. 11: Schleimbelag an einem Strahlregler

Bemerkt man an einem Wasserhahn (z. B. am Strahlregler oder Sieb) solche Rückstände, so ist es empfehlenswert, den Strahlregler oder das Sieb abzuschrauben und die Innenseite anzusehen. Häufig wird man dann feststellen, dass die Innenseite völlig sauber ist. Dies ist typisch für Pilz- und Bakterienrasen (Biofilme), die sich in Feuchtigkeitszonen im Verlauf mehrerer Wochen bilden. Die Mikroorganismen finden dann im Bereich des Wasserhahns geeignete Lebensbedingungen und genügend Nahrung. Als Nahrung dienen ihnen dann häufig Lösemittel oder Weichmacher aus den Kunststoffteilen oder Seifenreste, Reinigungsmittel oder Ähnliches, was im alltäglichen Gebrauch an den Wasserhahn geraten ist. Gut biologisch abbaubare Reinigungsmittel sind in solchen Fällen besonders gut als Nahrungsquelle für Mikroorganismen geeignet.

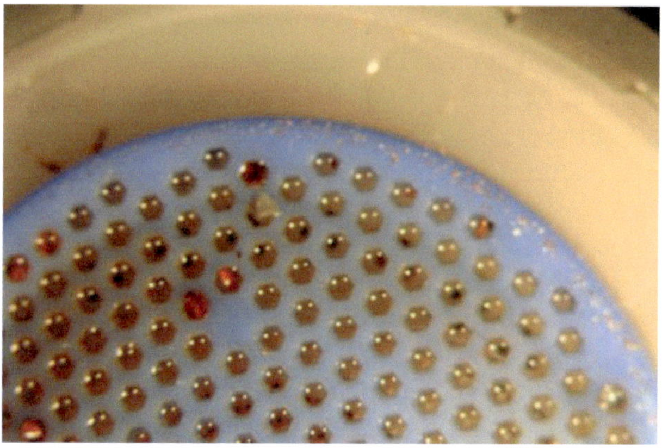

Abb. 12: Strahlreglersieb innen

Mikrobiologische Trinkwasseruntersuchungen im Bereich solcher Beobachtungen ergeben dann oft, dass aus diesen Belägen Mikroorganismen in das vorbeiströmende Wasser abgegeben werden, während das Wasser aus der Hausinstallation frei von Mikroorganismen ist.

Eine geeignete Abhilfe kann ein häufigeres Reinigen der Strahlregler oder ein Austausch gegen andere sein, die nicht so viele Kunststoffteile enthalten. In hartnäckigen Fällen bleibt einem Nichts anderes übrig, als den Wasserhahn selbst gegen eine Konstruktion auszutauschen, die diese Probleme nicht aufweist. Leider ist dies mitunter nicht so einfach und auch nicht sehr kostengünstig, da viele moderne Wasserhähne offenbarer mehr nach optischen als nach hygienischen Gesichtspunkten konstruiert wurden.

4.5. Kalkkrusten an Kaffee- und Spülmaschinen

Es kommt immer wieder vor, dass an Kaffee- und Spülmaschinen Kalkkrusten entstehen, vor allem im Gastronomiebereich bei sehr heißen Temperaturen. Wird in einem Wasserversorgungsbereich ein nahezu kalkfreies Wasser aus Korrosionsschutzgründen aufgehärtet, tauchen bei den Wasserversorgungsunternehmen Beschwerden über Schäden an diesen Maschinen oder andere nachteilige Folgen auf. Selbst wenn der Härtebereich gleich bleibt, können einige Härtegrade mehr bereits zu den genannten Effekten führen. Das Wasser verdunstet und die Kalkkruste bleibt zurück.

Wird durch Veränderung der Trinkwasseraufbereitung (z. B. Härte und pH-Wert) eine merkliche Veränderung der Wasserzusammensetzung herbeigeführt, ist es empfehlenswert, bei den Informationen der Verbraucher gemäß § 21 TrinkwV auch darauf hinzuweisen, dass die Betreiber von solchen Maschinen sich bei den Herstellern oder Lieferanten erkundigen sollten, ob die betreffenden Geräte auch mit der veränderten Wasserzusammensetzung ordnungsgemäß funktionieren. Wenn nicht, müssten entsprechende Maßnahmen ergriffen werden.

4.6. Arzt stellt fest: Mehrere Patienten erkrankt

Manchmal kommt es vor, dass ein Arzt feststellt, dass mehrere Patienten, die er behandelt, mehr oder weniger gleichzeitig an Durchfall oder Erbrechen erkrankt sind. Dann kann es passieren, dass er vermutet, die Erkrankung stehe im Zusammenhang mit dem Trinkwasser. Wenn der Arzt dann ohne Meldung an das Gesundheitsamt gemäß § 6 des Infektionsschutzgesetzes und ohne Untersuchung von Stuhlproben oder von Erbrochenem die Empfehlung gibt, man solle kein Trinkwasser mehr für die Zubereitung von Nahrungsmitteln verwenden, dann handelt er in der weit überwiegenden Mehrzahl der Fälle falsch und schädigt obendrein den Ruf des Trinkwassers..

Bei der in Deutschland üblichen Trinkwasseraufbereitungstechnologie haben solche Erkrankungen meist andere Ursachen und die Übertragung über den Kontakt zu anderen Menschen besitzt eine große Bedeutung. Ein Beispiel für derartige Erkrankungen sind die Novoviren.

4.7. Flocken im Behandlungsstuhl des Zahnarztes

Wenn ein Zahnarzt in seinem Behandlungsstuhl Flocken findet, die die Düsen für Spül- und sonstiges Wasser verstopfen, so kann dies verschiedene Ursachen haben. Feste rostbraune bis schwarzbraune Partikel deuten auf hausinterne Korrosionsvorgänge hin. Weiche Flocken verschiedenster Farben stammen eher von Mikroorganismen.

Vor irgendwelchen Maßnahmen ist es wichtig, die Partikel daraufhin zu untersuchen, um was es sich dabei handelt. Maßnahmen ohne entsprechende Untersuchungen können völlig falsch sein und relativ teuer werden. Bei mikrobiologischen Flocken sind sehr häufig Kunststoffmaterialien in den Behandlungsstühlen die Ursache. Ein einfaches Durchspülen mit Desinfektionsmittel reicht zur Behebung oft nicht, wenn die sogenannten Biofilme vorher nicht mechanisch entfernt wurden. Es darf als selbstverständlich gelten, dass ein Zahnarzt bei solchen Beobachtungen unverzüglich Maßnahmen ergreift. Sollte es sich nämlich um Mikroorganismen handeln, könnte er andernfalls die Gesundheit seiner

Patienten gefährden, wenn er im Bereich offener Wunden mit diesem Wasser arbeitet.

4.8. Abkochgebot nach bakteriellen Verunreinigungen

Werden in einem Trinkwasser bakterielle Verunreinigungen (z. B. Colibakterien) festgestellt, wird von den zuständigen Behörden immer wieder einmal ein Abkochgebot ausgesprochen. Den betroffenen Verbrauchern wird dies i. d. R. durch Handzettel der Gemeinden, in der örtlichen Presse oder durch Mitteilungen in den lokalen Radiosendern bekannt gegeben. Es kommt auch vor, dass man durch Lautsprecherwagen der Polizei oder anderer Institutionen informiert wird.

Ein Abkochgebot ist oft das letzte Mittel vor einer vollständigen Unterbrechung der Wasserversorgung, um eine Gefährdung der Bevölkerung durch mikrobielle Erkrankungen über das Trinkwasser zu vermeiden. Eine vollständige Unterbrechung der Wasserversorgung ist in den meisten Fällen nicht praktikabel, da die Toilettenspülung und andere Entsorgungsvorgänge schon aus seuchenhygienischen Gesichtspunkten aufrechterhalten werden müssen. Können dann andere Maßnahmen wie zum Beispiel eine Chlorung des Trinkwassers oder eine Umstellung auf eine andere Wasserversorgung keine Abhilfe schaffen, wird ein Abkochgebot ausgesprochen. Dies ist besonders dann der Fall, wenn weit verzweigte Leitungsnetze bereits stark verkeimt sind und das darin stehende Wasser nicht schnell genug ausgetauscht werden kann.

In der Praxis zeigt sich jedoch oft, dass ein großer Teil der Bevölkerung mit einem Abkochgebot nicht richtig umgehen kann. Die allermeisten Verbraucher kümmern sich gar nicht darum. Sie nehmen das nicht ernst, weil sie keine Beispiele kennen, in denen es tatsächlich einmal zu Erkrankungen der

Verbraucher über mikrobiologisch verunreinigtes Trinkwasser gekommen ist. Dann wissen sie nicht, was für Wasser sie zu welchem Zweck abkochen sollen. Die sicherste wenn auch nicht die billigste Methode ist im Zweifelsfall die Verwendung von Sprudel oder Mineralwasser für die Lebensmittelzubereitung, die Behandlung von Geräten und Arbeitsflächen, die mit Lebensmitteln in Berührung kommen, und die Mundhygiene.

Als Sofortmaßnahme ist ein Abkochgebot die wirksamste Abhilfemaßnahme. Aber nur, wenn es richtig und konsequent durchgeführt wird. Viren, typische bakterielle Seuchenerreger und Einzeller werden schon bei 80 °C innerhalb einer Minute inaktiviert. Deshalb genügt es, das Wasser so lange zu erhitzen, bis es kräftig sprudelt. Die Sporen von Clostridien (Gasbrand, Tetanus, Botulismus) werden durch das Abkochen jedoch nicht abgetötet. Hier ist dauerhaft eine entsprechend wirksame Filtration und Desinfektion erforderlich. Deshalb kann ein Abkochgebot nur eine kurzfristige Sofortmaßnahme bleiben. Die Tabelle auf der nächsten Seite zeigt eine Reihe von Epidemien, die durch das Trinkwasser erfolgt sind, Sie ist keineswegs vollständig, verdeutlicht aber, dass auch heute noch Epidemien durch Mikroorganismen im Trinkwasser ausbrechen können.

In manchen Fällen kann auch trotz Chlorung ein Abkochgebot ausgesprochen werden. Dann nämlich, wenn so viele Trübstoffe oder andere chlorzehrende Substanzen im Wasser enthalten sind, dass durch sie eine Behinderung der Desinfektion mit Chlor oder anderen Desinfektionsmitteln beziehungsweise -verfahren angenommen werden muss.

Ort	Jahr	Erkrankung	Erkrankte	Todesfälle
München	1854	Cholera	?	2223
Halle	1871	Typhus	282	11
Stuttgart	1872	Typhus	180	14
München	1873	Cholera	3075	1490
Hamburg	1885/88	Typhus	15804	1214
Hamburg	1892	Cholera	16956	8605
Paderborn	1898	Typhus	234	32
Gelsenkirchen	1901	Typhus	3231	350
Detmold	1904	Typhus	780	54
Petersberg	1908	Cholera	9000	4000
Pforzheim	1919	Typhus	4000	400
Hannover	1926	Typhus	2500	260
Jugoslawien	1938	Weil'sche Krankheit	390	8
Neuötting	1946/48	Typhus	1000	100
Neu-Delhi	1955	Hepatitis A (E?)	28745	-
Hagen	1955	Typhus, Paratyphus	500	-
Rochester	1965	Enteritissalmonellose	16000	3
Dingelstedt	1972	Hepatitis A	40	-
Ismaning	1978	E-Ruhr	2450	-
Bristol	1985	Lamblienruhr	108	-
Carrolton	1987	Kryptosporidiosis	13000	-
Swindon	1989	Kryptosporidiosis	5000	-
Milwaukee	1993	Kryptosporidiosis	400000	?
La Neuville	1998	Durchfälle mit Noroviren, *Campylobacter jejuni* und *Shigella sonnei*	-2213	-
Walkerton	2000	*E. coli* O157: Durchfälle; HUS	2300	18 ?

Tabelle: Epidemien durch Trinkwasser

4.9. Grünes Haar durch Trinkwasser

Manchmal kommt es vor, dass Verbraucher mit hellen oder blonden Haaren nach dem Haare Waschen oder Duschen grünlich oder türkisblau gefärbtes Haar aufweisen. Dieses Phänomen wird in der Regel durch korrosives Wasser hervorgerufen, das längere Zeit in Kupferrohren gestanden ist und Kupfer aus der Rohrwandung herausgelöst hat.

Das Phänomen wird erst verschwinden, wenn das Wasser nicht mehr korrosiv wirkt oder man das Standwasser in den Kupferleitungen vor dem Haare Waschen oder Duschen austauscht. Ist der gesamte Warmwasserbereiter voll kupferhaltigen Wassers, kann der Austausch langwierig und teuer werden, sodass die Beseitigung der korrosiven Eigenschaften des Wassers angebracht ist. Beobachtet man türkisblaue Verfärbungen an Waschbecken, Badewannen oder Armaturen, deutet dies in der Regel auch auf Kupferkorrosion hin.

4.10. Legionellen im Warmwasserbereich

Im Jahre 1976 ereignete sich in einem Hotel in Philadelphia, USA, eine Epidemie durch eine rätselhafte Lungenentzündung. Von den etwa 4.000 Teilnehmern einer Großveranstaltung erkrankten rund 220 Personen, von denen 34 verstarben. Als man die Ursache der Epidemie erkannte, gab man dem dafür verantwortlichen Bakterium nach der Veranstaltung, dem Mitgliederkreis und dem Erkrankungsbild den Namen *Legionella pneumophila*. Inzwischen geht man davon aus, dass recht viele Menschen an Legionellen erkranken und zum Teil auch sterben. Da die Krankheit nicht leicht zu erkennen ist, blieb sie oft unbemerkt oder wurde falsch diagnostiziert.

Eine der Hauptquellen der Legionellen sind die Warmwasserbereiche in den Hausinstallationen. Die optimale Vermehrungstemperatur liegt bei etwa 35 bis 42 °C, allgemein bei etwa 30 bis 45 °C. Kommen dann in den Hausinstallationen noch genügend organische und mineralische Nährstoffe (Biofilme, Verkrustungen, Sedimente in Warmwasserbereitern, Weichmacher und Lösemittel in Kunststoffen, Amöben usw.) vor, dann können sich diese Bakterien innerhalb weniger Tage vom einzelnen Bakterium bis zu mehreren Millionen vermehren. Die Verdoppelungsraten betragen dann bei optimalen Bedingungen etwa drei bis vier Stunden. In der Natur kommen die Legionellen nur in sehr geringen Konzentrationen in Flüssen, Bächen, Seen, Teichen, feuchter Erde und im Grundwasser vor. Sie gelangen daher auch über das Trinkwasser, das nie völlig bakterienfrei ist, in die Hausinstallationen. Wenn die Legionellen getrunken werden, sind sie in gesundheitlicher Hinsicht völlig harmlos, da sie mit der übrigen Nahrung verdaut werden. Gefährlich werden sie erst, wenn sie in größerer Menge über lungengängige Aerosole (kleiner als 5 µm) eingeatmet werden. Dies kommt vor allem bei Duschen und Warmsprudelbecken, sogenannten Whirlpools oder raumlufttechnischen Anlagen (z.B. Klimaanlagen) vor. Man geht davon aus, dass ab etwa 10.000 koloniebildenden Einheiten (KBE) pro 100 Milliliter ein Infektionsrisiko besteht.

Ein- bis Zweifamilienhäuser sind weniger betroffen als größere Gebäudekomplexe mit zentralen Warmwasserbereitern und langen Stillstandszeiten. Die neue Trinkwasserverordnung behandelt nun erstmalig die Legionellen. In die Überwachung einbezogen werden vor allem Gebäude mit öffentlichem Zugang, insbesondere Krankenhäuser, Alten- und Pflegeheime, Schulen, Kindertagesstätten, Wohnheime, Gaststätten mit Fremdenzimmern und Hotels. Ein besonderes Augenmerk wird dabei auf die Duschbereiche gelegt.

Wurden in einer Hausinstallation erhöhte Legionellengehalte festgestellt, wird eine Sanierung fällig. Die wirkungsvollste Sanierungsmethode ist dabei das Aufheizen des Warmwasserbereiters auf deutlich über 70 °C. An jedem Zapfhahn muss dann das mindestens 70 °C heiße Wasser wenigstens 3 Minuten lang ablaufen. Eine chemische Sanierung mit Chlor, Ozon, Wasserstoffperoxid, Silber und andere Methoden sind zwar bei Einzelbakterien ebenfalls sehr wirkungsvoll, wenn aber Biofilme, Verkrustungen besiedelte Duschschläuche oder Duschköpfe im Spiel sind, nimmt deren Wirksamkeit sehr schnell ab.

Wegen der Möglichkeit einer thermischen Sanierung bei hohen Legionellenkonzentrationen sollten die Leitungsrohre der Hausinstallationen die erforderlichen hohen Temperaturen auch wiederholt aushalten können. Entsprechende Materialien sind daher bei der Auswahl der Installationsmaterialien zu berücksichtigen.

4.11. Wohin wenden bei Problemfällen?

Zur Beantwortung gesundheitlicher Fragen hinsichtlich eines Trinkwassers sollte man sich an das örtliche Gesundheitsamt wenden. Die Gesundheitsämter sind meist über die jeweiligen Landratsämter zu erreichen. Diese sind auch die richtigen Ansprechpartner, wenn Sie Beobachtungen oder Wahrnehmungen machen, bei denen Sie annehmen, dass hier Trinkwassergrenzwertüberschreitungen vorliegen oder vorliegen könnten.

Bei technischen Fragen wenden Sie sich am besten an Ihr zuständiges Wasserversorgungsunternehmen oder an einen Installationsfachbetrieb in Ihrer Region.

Zahlreiche allgemeine Hinweise und Arbeiten zu Trinkwasserthemen finden Sie auch im Internet:

http://www.bmgesundheit.de
http://www.umweltbundesamt.de
http://www.dvgw.de
http://din.de

Fragen zur Zusammensetzung und Beschaffenheit Ihres Trinkwassers kann Ihr öffentliches Wasserversorgungsunternehmen beantworten. Sollten Sie Ihr Wasser nachbehandeln oder aus einer nicht öffentlichen Wasserversorgung entnehmen, müssen Sie beim jeweiligen Betreiber nachfragen oder selbst Untersuchungen in Auftrag geben.

5. Besonnenheit oder Panik?

Schon wer im Trinkwasserbereich die Formulierungen „*Das kann man ausschließen*“ oder „*Das kann ich mir nicht vorstellen*“ benutzt, beweist, dass er auf diesem Gebiet nur wenig Erfahrungen besitzt. Liest man die vorangegangenen Kapitel dieses Buches, könnte man zu der Ansicht gelangen, es sei schlecht um unser wichtigstes Lebensmittel, das Trinkwasser, bestellt. So ist es aber nicht. Vor allem das öffentliche Trinkwasser kann man in der Regel ohne Bedenken trinken. Auch die Besorgnis, man könne das Trinkwasser nicht für die Versorgung von Kleinkindern benutzen, ist in den meisten Fällen unbegründet. Der Begriff „*Geeignet für die Zubereitung von Säuglingsnahrung*“ stammt auch nicht aus der Trinkwasserverordnung sondern aus den Kennzeichnungsmöglichkeiten der Mineral- und Tafelwasserverordnung (siehe auch weiter unten). Wasser, welches der Trinkwasserverordnung entspricht, braucht eine derartige Kennzeichnung nicht.

Dennoch gibt es die in diesem Buch angesprochenen Probleme in der Trinkwasserpraxis immer wieder. Da sie aber oft mit Baumaßnahmen in den Verteilungsnetzen und mit nachteiligen Vorgängen in den Hausinstallationen im Zusammenhang stehen, soll weiter unten noch einmal auf sie eingegangen werden.

5.1. Das liebe Geld

Wir leben heutzutage in einer Gesellschaft, in der Geld fast alles bedeutet. Die alte Redewendung im Volksmund: „Über Geld spricht man nicht, das hat man.“ gilt heute als überholt. In allen Bereichen wird um Geld gefeilscht und gerungen.

Dieser Trend hat auch vor unserem Lebensmittel Nr. 1, dem Trinkwasser, nicht Halt gemacht. Es sieht oft so aus, als seien viele Politiker und Entscheidungsträger nicht einmal in den wichtigsten Versorgungsbereichen in der Lage sind, Prioritäten zu setzen. Es scheint vielmehr so, als hätte sauberes Trinkwasser denselben Stellenwert wie Sportplätze, Verkehrsinseln, Parkbänke, Radwege oder Ähnliches. Und so wird auch das zugegebenermaßen nicht mehr so üppig fließende Geld oft verteilt. Für viele ist der derzeitige Trinkwasserstandard im entwickelten Europa so selbstverständlich, dass kaum noch jemand weiß, welchen Aufwand man treiben muss, dass dies auch so bleibt.

Da wird an der Ausstattung, am Personal, im Betrieb der Wasserwerke und auch an der Trinkwasserüberwachung gespart. Die Einzigen, die im Trinkwasserbereich offenbar wenig auf ihr Geld achten, sind Verbraucher, die ihr Vertrauen in die öffentlichen Wasserversorger verloren haben. Sie investieren große Summen in hausinterne Trinkwassernachbehandlungsanlagen, auch wenn es vielfach gar nicht nötig wäre. Oder sie kaufen teure Getränke, die nach Herstellerangaben wahre Wunder bewirken sollen.

5.2. Angebote für Trinkwasseruntersuchungen einholen

Da viele Trinkwasserversorgungsunternehmen verständlicherweise auch in der Trinkwasserüberwachung einsparen möchten, findet auch in diesem Bereich ein harter vornehmlich wirtschaftlich orientierter Wettbewerb statt. Zunehmend kommen Untersuchungslabors zum Zuge, die bundesweit agieren und an bestimmten Standorten über zentrale Analysenstraßen verfügen, die zugegebenermaßen sehr wirtschaftlich arbeiten können. Oder sie arbeiten nach finanziellen Konzepten, die ein Außenstehender nicht mehr durchschauen kann.

Dies mag für Routineüberwachungsaufgaben günstig sein. Die individuelle Betreuung der Wasserwerke in Problemfällen und vor allem in Notfällen, wo es häufig auf ein schnelles und fachlich kompetentes Krisenmanagement mit Vor-Ort-Erfahrungen der Labors ankommt, leidet aber erfahrungsgemäß in vielen Fällen darunter. Die in § 16 der Trinkwasserverordnung geforderten „unverzüglichen" Notfallmaßnahmen sind dann oft nicht mehr unverzüglich möglich, weil die Entfernungen dann häufig so groß sind, dass auch verkehrstechnische Verzögerungen eine wichtige Rolle spielen können.

Wenn also ein Trinkwasserversorgungsunternehmen Angebote für Trinkwasseruntersuchungen einholt, sollte es nicht nur die routinemäßige Trinkwasserüberwachung sondern auch die Reaktion in Notfällen berücksichtigen und sich von den Untersuchungslabors schriftlich aufzeigen lassen, wie schnell und zu welchen Konditionen sie in der Lage sind, in Trinkwassernotfällen Ergebnisse zu liefern und welche Beratungskosten dann anfallen.

5.3. Auch Krankheitserreger entwickeln sich weiter

In den achtziger Jahren des vorigen Jahrhunderts wurden in den USA verotoxinbildende *Escherichia coli* (VTEC), die auch als enterohämorrhagische *Escherichia coli* (EHEC) bezeichnet werden, isoliert. Früher nahm man an, dass *Escherichia coli* zwar gute Indikatorbakterien für fäkale Verunreinigungen sind, ansonsten aber gesundheitlich nicht gefährlich wirken, da der Mensch sie in millionenfacher Anzahl in seinen eigenen Darm trägt. Inzwischen weiß man aber, dass etwa 10 bis 100 EHEC beim Menschen bereits zu Erkrankungen führen können. Die hauptsächlichen Krankheitsbilder sind wässrige Durchfälle mit Erbrechen, Blutbeimengungen im Stuhl und Bauchkrämpfe. In bis zu 10 % der Fälle kann es zu einem durch Anämie und akutem Nierenversagen hämolytisch-urämischen Syndrom (HUS) kommen, das in 5 bis 10% der Fälle tödlich verläuft. Die Übertragung findet häufig durch Lebensmittel wie zum Beispiel Rinderhackfleisch, Salami, Mettwurst, Rohmilch oder Ähnliches statt. Aber auch Trink- und Badewasser sind Infektionsquellen. Im Jahr 2000 kam es durch EHEC in der kanadischen Stadt Walkerton zu einer Epidemie über das Trinkwasser, wobei von 6.000 versorgten Personen 2.300 an schweren Durchfällen erkrankten und 18 daran verstarben.

Bei bayerischen Trinkwasseruntersuchungen konnten im Jahre 1997 noch keine EHEC gefunden werden. Im Jahre 1998 tauchten sie erstmals in Einzelwasserversorgungen und 1999 in öffentlichen Wasserversorgungen auf. Besonders häufig kamen sie in Karst- und Kluftwässern vor. Die Anzahl der Nachweise war insgesamt zwar noch sehr gering, vor allem in den öffentlichen Wasserversorgungen, aber das Beispiel zeigt, dass man sich auch in der Trinkwasserversorgung nicht auf dem Erreichten ausruhen kann. Wie in der Medizin, wo man gegen die zunehmende Resistenz der Krankheitserreger gegen Antibiotika und andere Gegenmaßnahmen ankämpft, muss man auch in der Trinkwasserversorgung mit der Weiterentwicklung der Krankheitserreger rechnen und entsprechende Abwehrmaßnahmen erarbeiten. Einer dieser Wege ist die in der Trinkwasserverordnung geforderte Errichtung von Aufbereitungsanlagen mit gegebenenfalls nachgeschalteter Desinfektion (§ 5 Absatz 4 TrinkwV). Die Tabellen auf der nachfolgenden Seite zeigen die derzeit bekannte Wirksamkeit verschiedener Aufbereitungs- und Desinfektionsverfahren hinsichtlich der wichtigsten Mikroorganismen, die in Trinkwasserversorgungsanlagen vorkommen können und geben einen Anhalt dafür, mit welchen Bakterienzahlen man rechnen muss, wenn Fäkalien von Mensch und warmblütigen Tieren in den unmittelbaren Bereich oder in das Einzugsgebiet von Trinkwassergewinnungsanlagen gelangen.

	Chlorung	Ozonung	UV-Bestrahlung	Thermische Desinfektion (z.B. Abkochen)	Filtration, Ultrafiltration (UF-Anlagen)
Mikroorganismen einzeln vorliegend					
Viren	+/-	+	+	+	+
Bakterien	+	+	+	+	+
Bakteriensporen	-	-	-	-	+
Parasiten	-	-	-	+	+
Würmer	-	-	-	+	+
Mikroorganismen in Aggregaten, Biofilmen oder in Partikeln vorliegend					
Viren	-	-	-	+	+
Bakterien	-	-	-	+	+
Bakteriensporen	-	-	-	-	+
Parasiten	-	-	-	+	+
Würmer	-	-	-	+	+

Bei üblicher Anwendung: +: wirksam. +/-: fraglich wirksam, -: in der Regel unwirksam

Tabelle: Möglichkeiten zur Abtötung, Inaktivierung oder Eliminierung bei seuchenhygienischer Gefährdung des Trinkwassers

Vorkommen	Fäkalcoliforme	Enterokokken	Clostridium perfringens
Mensch	12.000.000	3.000.000	1.600
Hund	23.000.000	980.000.000	251.000.000
Katze	7.900.00	27.000.000	25.100.000
Maus	330.000	7.700.000	< 1
Rind	230.000	1.300.000	200
Schwein	3.300.000	84.000.000	3.980
Schaf	16.000.000	38.000.000	199.000
Pferd	12.600	6.300.000	< 1
Ente	33.000.000	54.000.000	-
Huhn	1.300.000	3.400.000	250
Truthahn	290.000	2.800.000	-

Tabelle:Durchschnittliche Anzahlen verschiedener Fäkalbakterien je Gramm Faeces

5.4. Angemessene Warnung oder Panikmache

Eine der unangenehmsten Aufgaben für die zuständigen Stellen ist die Warnung oder die Information der Verbraucher bei einer möglichen Gesundheitsgefährdung über das Trinkwasser. Grund ist die unterschiedliche Reaktionsweise der Verbraucher auf entsprechende Meldungen.

Wird eine Warnung mit Empfehlungen oder gar Nutzungsverboten ausgesprochen (ein typisches Beispiel sind Lautsprecherfahrzeuge der Polizei oder Feuerwehr und Meldungen in den Tageszeitungen oder Handwurfzettel in den Briefkästen) und es passiert schließlich nichts Außergewöhnliches, so wird mancher Verbraucher die Überwachungsbehörden kritisieren und sagen, das wäre nur Panikmache gewesen. Man hätte viel Aufwand wegen nichts betrieben. Möglicherweise bemühen auch einige Verbraucher die Rechtsanwälte wegen vermuteter unnötiger Kostenaufwendungen und Maßnahmen.

Wird aber nicht rechtzeitig oder umfassend genug gewarnt, wenn etwas passiert und es kommen Verbraucher zuschaden, dann ist der öffentliche Druck auf die Überwachungsbehörden außerordentlich hoch und einige Rechtsanwälte werden mit hoher Wahrscheinlichkeit für eine gewisse Zeit beschäftigt.

Man kann nur hoffen, dass die zuständigen Überwachungsbehörden in Abwägung aller ihr zur Verfügung stehenden Umstände die richtigen Maßnahmen treffen und dass die Verbraucher auch Verständnis für Maßnahmen aufbringen, die eher Vorsorgecharakter als konkrete Abwehrhandlungen haben. Denn Geld und Zeit ist leichter zu verschmerzen als schwer kranke oder gar tote Verbraucher.

5.5. Die 3 Gebote für Trinkwassernotfälle

In der Trinkwasserverordnung befasst sich der § 16 mit den Maßnahmen, die in Trinkwassernotfällen zu treffen sind. Dies gilt vor allem für Grenzwertüberschreitungen und besondere Vorkommnisse, die zu Grenzwertüberschreitungen oder einer gesundheitlichen Gefährdung der Verbraucher führen können. Die Maßnahmen sind im Verordnungstext über mehrere Absätze verteilt. Damit sie für den normalen Verbraucher besser greifbar sind, sollen sie in 3 Geboten für Trinkwassernotfälle zusammengefasst werden:

1. **Unverzügliche Meldung an das Gesundheitsamt**
2. **Unverzügliche Maßnahmen zur Aufklärung des Sachverhaltes**
3. **Unverzügliche Maßnahmen zur Abhilfe**

Diese Maßnahmen sind vom Wasserversorger unverzüglich, also ohne eigenes Verschulden bei einer zeitlichen Verzögerung, in die Wege zu leiten. Die unverzügliche Meldung an das Gesundheitsamt macht nach der deutschen Trinkwasserverordnung den Wasserversorger übrigens straffrei. Es ist dann Sache des Gesundheitsamtes, die notwendigen Maßnahmen in Zusammenarbeit mit dem Wasserversorgungsunternehmen anzuordnen bzw. in Gang zu setzen. Eine der schwierigsten Aufgaben für den Wasserversorger es ist dabei, zu entscheiden, wann ein solcher Trinkwassernotfall vorliegt oder nicht. Dieser Punkt wird oft selbst unter Experten, Zuständigen und in der Literatur kontrovers diskutiert. Eine Frage steht dabei immer wieder im Raum: nämlich die Frage, ob ein Messwert, der eine Grenzwertüberschreitung anzeigt, auch tatsächlich stimmt, oder ob im Untersuchungslabor oder bei der Probenahme Fehler passiert sind.

Manche sind der Ansicht, dass der Messwert erst durch eine erneute Probenahme überprüft werden sollte. Andere wiederum meinen, dass die Qualifizierung des Personals der Untersuchungsstellen und der Probenehmer nach den Bestimmungen der Trinkwasserverordnung eigentlich so gut sein müsste, dass man diesen Messwerten in der Regel durchaus vertrauen kann. Selbstverständlich kann man nicht ausschließen, das auch in einem zugelassenen Labor oder bei einem ausgebildeten Probenehmer einmal Fehler vorkommen, dies dürfte aber so selten der Fall sein, dass man zumindest bezüglich der zu treffenden Maßnahmen davon ausgehen muss, dass der Messwert korrekt ermittelt wurde.

Ich selbst bin der Meinung, dass die Messwerte auf jeden Fall überprüft werden sollten, die betreffende Grenzwertüberschreitung oder die Vorgänge, die zu einer solchen führen können, aber trotzdem unverzüglich dem Gesundheitsamt gemeldet werden müssen, damit vorsorglich Maßnahmen zum Schutz der Verbraucher getroffen werden können. Eine Überprüfung des Sachverhaltes durch die Gesundheitsämter wird sowieso erfolgen. Andererseits dürfte es unerheblich sein, welche Meinung jemand von diesen Vorgängen hat. Bereits die Möglichkeit, dass diese Vorgänge zu einer Grenzwertüberschreitung oder einer Gefährdung der Verbraucher führen können, zwingt die Verantwortlichen nach den rechtlichen Regelungen zu den entsprechenden Maßnahmen. Andernfalls können sie mit den Paragrafen 24 und 25 der Trinkwasserverordnung (Straftaten und Ordnungswidrigkeiten) sowie dem Infektionsschutzgesetz und dem Lebensmittelrecht in Konflikt kommen. Wenn Personenschäden oder andere Kosten entstehen, kommen die Schadenersatzforderungen noch hinzu.

Epidemiologische Untersuchungen sind schwierig. Wer erst auf solche Untersuchungsergebnisse wartet, geht in der Regel fehl. Die große Trinkwasserepidemie (400.000 Erkrankte) mit *Cryptosporidien* 1993 in Milwaukee, USA, bemerkte beispielsweise erst ein Apotheker, als auffallend viele Kunden Präparate gegen Durchfallerkrankungen kauften. Da war aber schon ein großer Teil der Bevölkerung von den Krankheitserregern befallen.

Zusammenfassend kann man also sagen, dass die Verbraucher einen Anspruch darauf haben, dass die Verantwortlichen im Trinkwasserbereich ordnungsgemäß handeln, um eine Gefährdung, soweit irgend möglich, von ihnen abwenden.

5.6. Biotests geben Trinkwasseralarm

Spätestens nach den Terroranschlägen vom 11. September 2001 in New York haben sich verschiedene Trinkwasserversorgungsunternehmen Gedanken darüber gemacht, wie sie Anschlägen gegen die Trinkwasserqualität durch Trinkwasserverunreinigungen begegnen können. Ein Gedanke dabei war die Weiterentwicklung von sogenannten Biotests (Fischtests, Daphnientests, Algentests, Leuchtbakterientests usw.). Diese Tests stammen ursprünglich aus der Gewässerüberwachung und werden zwischenzeitlich auch in einigen Wasserwerken eingesetzt oder getestet.

Die praktischen Erprobungen haben gezeigt, dass sie teilweise sehr empfindlich auf Wasserverunreinigungen reagieren. Insofern erscheint ihr Einsatz in der Trinkwasserüberwachung durchaus sinnvoll. Dennoch sind sie in der Handhabung sehr kompliziert und aufwändig. Hohe Anforderungen an das Personal und lange Einarbeitungs- und Einstellzeiten zur Vermeidung von Fehlalarmen lassen sie nur für größere Wasserversorgungsunternehmen geeignet erscheinen. Vielleicht könnten hier auch mehrere Wasserwerke zumindestens bei den Personalkosten zusammenarbeiten.

Schlagen die Anlagen aber erst einmal Alarm, weiß man in der Regel dennoch nicht, auf welche Substanzen sie reagiert haben. Deshalb ist es bei ihrem Einsatz besonders wichtig, einen auf den speziellen Test abgestimmten Maßnahmenplan zu entwickeln, wie man im Alarmfall sinnvoll reagiert. Dies kann auf ein Abstellen der Wasserversorgung hinauslaufen, ohne dass man weiß, mit welchen Stoffen man es überhaupt zu tun hat. Dafür kann man so schnell reagieren, dass der größte Teil des verunreinigten Wassers noch abgefangen werden kann, bevor er bei den Verbrauchern ankommt. Eine derartig schnelle Reaktion ist bei den heute üblichen Untersuchungsmethoden für chemisch-physikalische und mikrobiologische Parameter in der Regel nicht möglich. Andererseits dürfte es so sein, dass die Biotests auf mikrobiologische Verunreinigungen kaum reagieren. Dennoch können die Biotests, so weit sie richtig angewendet werden, zumindest in größeren Wasserwerken eine interessante Möglichkeit darstellen, kürzere Reaktionszeiten zu erzielen und dabei auch Stoffe zu erfassen, auf die in den üblichen Trinkwasseruntersuchungen überhaupt nicht geprüft wird.

5.7. Maßnahmenpläne

Um bei einer Alarmierung in einem Trinkwassernotfall unverzüglich geeignete Maßnahmen zum Schutz der Verbraucher treffen zu können, werden in § 16 Abs. 6 der Trinkwasserverordnung sogenannte Maßnahmenpläne (oft auch Alarmpläne genannt) gefordert. Darin muss mindestens angegeben werden, wie im Falle einer erforderlichen Unterbrechung der Wasserversorgung die Umstellung auf eine andere Wasserversorgung zu erfolgen hat und welche Stellen im Falle einer festgestellten Abweichung zu informieren sind und wer zur Übermittlung dieser Informationen verpflichtet ist. Die Maßnahmenpläne bedürfen der Zustimmung der zuständigen Gesundheitsämter.

In der Regel enthalten diese Maßnahmenpläne wesentlich mehr Details zu den örtlichen Gegebenheiten. Dazu gehören die Einrichtungen der öffentlichen Wasserversorgung, die zuständigen Personen der einzelnen Teilabschnitte, die Adressen der vorrangig zu informierenden sensibler Verbraucher (z. B. Krankenhäuser, Schulen, Kindergärten, Alten- und Pflegeheime o. ä.), Standorte der Gerätschaften für Desinfektionsmaßnahmen, Adressen der Untersuchungsinstitute usw. Wer sich mit Alarmplänen aller Art auskennt, weiß, dass es nie vollständig gelingen wird, alle Eventualitäten in einem solchen Maßnahmenplan mit einzubeziehen. Er wäre dann auch so umfangreich, dass man sehr viel Zeit bräuchte, um ihn genau zu studieren. Daher ist die Hinzuziehung fachlich kompetenter Personen und Personen mit genauen Ortskenntnissen für ein ordnungsgemäßes Krisenmanagement unbedingt erforderlich. Die Erreichbarkeit dieser Personen auch über die normalen Dienstzeiten hinaus sollte auf jeden Fall im Maßnahmenplan dokumentiert sein.

Wichtig ist auch eine regelmäßige Aktualisierung dieser Maßnahmenpläne und die Kenntnis ihres Standortes, damit man sie im Bedarfsfall auch schnell findet. Meiner Meinung nach sollten die Wasserversorgungsunternehmen Trinkwassernotfälle durchaus immer wieder einmal üben. Dann kann man evtl. Schwachstellen auch finden und beheben.

6. Was ist im Trinkwasser so alles drin?

Die Qualität eines Trinkwassers wird häufig danach beurteilt, welche Inhaltsstoffe und Mikroorganismen es in welcher Menge enthält. Theoretisch könnten dies tausende und abertausende von Inhaltsstoffen und Mikroorganismen sein. Da aber Untersuchungen auf alle diese Stoffe und Mikroorganismen praktisch unmöglich sind, konzentrieren sich alle Arten von Untersuchungen auf eine gewisse Auswahl von Stoffen und Mikroorganismen. Dies macht auch die neue Trinkwasserverordnung nicht anders. Daher sollen die in diesem Kapitel besprochenen Wasserinhaltsstoffe und Mikroorganismen diejenigen sein, für die es in der neuen Trinkwasserverordnung Grenzwerte gibt. Darüber hinaus werden noch Stoffe und Mikroorganismen besprochen, die im Trinkwasserbereich ebenso von Bedeutung oder Interesse sind.

6.1. Mikrobiologische Parameter

Mikrobiologische Organismen sind im Allgemeinen Bakterien, Pilze, Algen, Viren, einzellige und andere mikroskopisch kleine Lebewesen. Die meisten dieser Mikroorganismen sind für die Gesundheit des Menschen völlig unbedeutend. Deshalb beschäftigt sich die Trinkwasserverordnung vornehmlich auch nur mit einer relativ kleinen Auswahl solcher Mikroorganismen, nämlich mit denen, von denen nach derzeitigem Kenntnisstand eine gesundheitliche Gefährdung des Verbrauchers ausgehen kann oder die eine solche anzeigen und damit als sogenannte Indikatororganismen gelten. In den nachfolgenden Ausführungen sind daher nur solche Mikroorganismen genannt, die in der Trinkwasserverordnung Erwähnung finden oder die im Zusammenhang mit Trinkwasser von Interesse sind. Darüber hinaus gibt es selbstverständlich noch viele weitere gesundheitlich relevante Mikroorganismen. Nähere Informationen darüber sollten aber in der medizinischen und mikrobiologischen Fachliteratur nachgelesen werden. Die meisten Untersuchungslabors können auch andere als die in der Trinkwasserverordnung genannten Mikroorganismen gar nicht untersuchen. Interessiert man sich also für andere Mikroorganismen, so muss man sich meist an Speziallabors wenden.

6.1.1. Algen

Algen besitzen im Trinkwasserbereich eigentlich nur eine geringe Bedeutung. Sie benötigen für ihr Wachstum Sonnenlicht oder eine andere Lichtquelle. Obwohl ihre Sporen überall in der Luft aber auch im Wasser verbreitet werden können, sieht man sie im Trinkwasserbereich wegen des dort fehlenden Lichts praktisch nicht. Dennoch entwickeln sie sich immer wieder einmal an Stellen wie in der Nähe von Fenstern in Trinkwasserhochbehältern, an offenen Deckeln von Wasserzählern oder in lichtdurchlässigen Wasserfiltern in Hausinstallationen. Manchmal werden auch niedere Pilze von Fachunkundigen mit Algen verwechselt.

Es gibt zwar Algen (vor allem Blaualgen), die aufgrund ihrer Toxine (Giftstoffe) eine gesundheitliche Relevanz für den Menschen und auch für bestimmte Tierarten besitzen, diese kommen aber meist nur bei Algenblüten in Badegewässern oder Schwimmteichen in bedeutender Menge vor. Im Trinkwasserbereich kann man manchmal Algen oder die Gehäuse von Kieselalgen finden, wenn das Trinkwasser aus Oberflächenwässern stammt oder davon beeinflusst wird und die Algen die Filter- und Aufbereitungsanlagen durchbrochen haben.

In der Trinkwasserverordnung gibt es keinen Grenzwert für Algen. Sollten sie dennoch im Trinkwasserbereich einmal vorkommen, ist aus allgemein-hygienischen Gründen eine Entfernung dringend zu empfehlen, da sie bei ihrem Absterben ein Pilz- und Bakterienwachstum verursachen können.

6.1.2. Biofilme

Viele Oberflächen, die vom Wasser benetzt werden, können in mehr oder weniger starker Form von Mikroorganismen besiedelt werden. Die dabei entstehenden Ansammlungen von Mikroorganismen werden als Biofilme bezeichnet. Im Laufe der Zeit entwickeln sie sich zu einer Schicht aus lebenden Mikroorganismen verschiedener Art, aus deren Ausscheidungen und aus organischen und anorganischen Ablagerungen und sie bilden dann regelrechte schleimige Schichten. In diesen wachsen vielfach Pilze, Amöben, Ciliaten, Nematoden und andere ein- und mehrzellige Mikroorganismen sowie weitere Bakterien heran. Dieser biologische Rasen kann durch die Stoffwechselaktivitäten dieser Mikroorganismen unangenehme Gerüche, einen üblen Geschmack und im Trinkwasserbereich das Wachstum unerwünschter anderer Mikroorganismen verursachen.

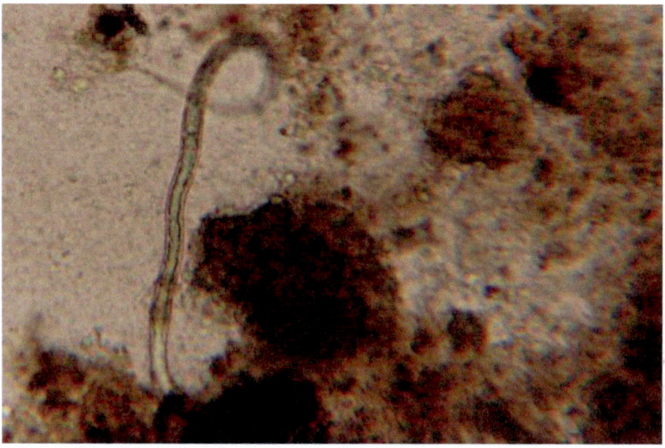

Abb. 13: Schleimiger Biofilm mit Nematode

Je nachdem, um welche Mikroorganismenarten es sich handelt, können auch Korrosionserscheinungen auftreten. Lange Stillstandszeiten, ungeeignete Materialien für die Trinkwasserinstallation, Verkrustungen und höhere Temperaturen in den Rohrleitungen fördern in der Regel die Entwicklung solcher Biofilme. Oxidative Desinfektionsmittel können ihnen je nach deren Dicke oft wenig anhaben, sodass sie dann mechanisch entfernt werden müssen. Hier sind erforderlichenfalls Spülmaßnahmen mit Druckluft, Impulsspülverfahren, sogenannte „Molche" oder Fräsmaßnahmen gefragt. Hilft auch das nicht, wird man wohl an das Austauschen der Rohrleitungen und günstigere Betriebsbedingungen denken müssen.

Direkte Grenzwerte für Biofilme gibt es in der Trinkwasserverordnung nicht. Kommen sie jedoch in nicht akzeptablem Ausmaß vor, werden in vielen Fällen die Grenzwerte für verschiedene Mikroorganismen, den Geruchsschwellenwert oder den Geschmack überschritten.

6.1.3. Clostridium perfringens

Clostridium perfringens gehört zu den Erregern des Gasbrands/Gasödems und der anaeroben Zellulitis. Der natürliche Lebensraum der Sporen bildenden Clostridien ist der Erdboden und der Darmtrakt von Mensch und Tier.

In der Trinkwasserüberwachung hat *Clostridium perfringens* allerdings eine andere Bedeutung. Nach der neuen Trinkwasserverordnung müssen Trinkwässer, die aus Oberflächenwasser stammen oder von Oberflächenwasser beeinflusst sind, auch auf *Clostridium perfringens* einschließlich Sporen untersucht werden. Da die Sporen außerordentlich widerstandsfähig gegen Desinfektionsmaßnahmen wie Chlor, Chlordioxid, Ozon oder UV-Licht sind, werden sie als brauchbarer Indikatorparameter für gleichermaßen resistente Parasitendauerformen (wie z.B. *Cryptosporidium* oder *Giardia*) betrachtet, deren Nachweis wesentlich aufwändig er wäre. In wieweit *Clostridium perfringens* diese Indikatorfunktion allerdings wirklich erfüllt, ist bis jetzt noch nicht endgültig geklärt.

Für *Clostridium perfringens* gilt ein Grenzwert von 0 pro 100 mL.

6.1.4. Coliforme Bakterien

Zu den coliformen Bakterien gehören außer der Gattung *Escherichia* vor allem die Gattungen *Klebsiella*, *Enterobacter*, *Citrobacter* und *Serratia*. Je nach angewendeter Nachweismethode werden die angesprochenen Gattungen mehr oder weniger vollständig erfasst. Außer diesen Gattungen gibt es noch einzelne andere Arten wie zum Beispiel *Rhanella aquatilis*, die je nach Nachweismethode ebenfalls nachgewiesen werden können. Von den genannten Gattungen ist nur die Gattung *Escherichia* eindeutig fäkalen Ursprungs. Die anderen Gattungen kommen auch sonst in der

Umwelt vor, ohne einen Bezug zu einer fäkalen Verunreinigung zu besitzen.

Coliforme Bakterien sind damit nicht unbedingt als Indikatoren für eine fäkale Verunreinigung anzusehen. Sie können aber auf Mängel in der Aufbereitung oder im Verteilungsnetz hindeuten. Ein Wachstum coliformer Bakterien ist möglich, wenn genügend Nährstoffe vorhanden sind und die Wassertemperatur auf über 15 °C ansteigt. Bei *Enterobacter* konnte zum Beispiel ein Wachstum auf Schmierseife, die bei Reparaturarbeiten im Verteilungsnetz verwendet wurde, beobachtet werden. Coliforme Bakterien kommen auch in Biofilmen vor, wo sie vor Chlor und anderen Desinfektionsmitteln geschützt überleben können und dann sporadisch im freien Wasser wieder auftreten.

Das Auftreten von coliformen Bakterien ist damit nicht unbedingt mit einer Gesundheitsgefährdung für die Verbraucher verbunden. Ihr Auftreten sollte aber dennoch ernst genommen werden, da sie auch fäkalen Ursprungs sein können. Werden sie festgestellt, ist unbedingt zu prüfen, ob es Hinweise auf eine fäkale Verunreinigung gibt. In einem solchen Fall sind Maßnahmen wie beim Auftreten von *Escherichia coli* notwendig. Selbst bei einem Nichtvorhandensein von fäkalen Verunreinigungen sollten coliforme Bakterien auf Dauer nicht toleriert werden. Ihr Vorkommen deutet dann auf eine nicht effektiv funktionierende Aufbereitung oder auf Schwachpunkte im Verteilungssystem hin, die in der Folge ein Wachstum unerwünschter Bakterien oder gar gefährlicher Krankheitserreger mit sich bringen kann.

Allgemein gilt für coliforme Bakterien ein Grenzwert von 0 pro 100 ml. In Wasser, das zur Abfüllung in Flaschen oder sonstige Behältnisse zum Zwecke der Abgabe bestimmt ist, gilt ein verschärfter Grenzwert von 0 pro 250 ml.

6.1.5. Cryptosporidium und Giardia

Parasiten wie *Cryptosporidium parvum* und *Giardia lamblia* gewinnen in Deutschland erst seit Kurzem an Bedeutung. In anderen Ländern wie Großbritannien, USA und Kanada sind sie schon seit Jahren als Verursacher von Epidemien über das Trinkwasser bekannt. Beim Menschen wird vorwiegend der Dünndarm betroffen und die Krankheiten äußern sich meist in mehr oder weniger starkem Durchfall. Die Schwere des Krankheitsverlaufes ist sehr stark abhängig von der Konstitution des Erkrankten. Die Übertragung erfolgt durch Oozysten bzw. Zysten, die über den Darm ausgeschieden und mit dem Mund wieder aufgenommen werden. Dabei kann der Kontakt von Mensch zu Mensch, Tier zu Mensch, verunreinigtes Gießwasser für Lebensmittel wie Obst und Gemüse, Oberflächenwasser oder verunreinigtes Trinkwasser eine Rolle spielen. Die Epidemien in Großbritannien und Nordamerika haben im Extremfall schon zu Erkrankungen von mehreren 100.000 Personen geführt (Kryptosporidiose und Lambliose).

Obwohl die Erreger auch in Deutschland vorkommen, ist hierzulande nur recht wenig über Erkrankungen durch das Trinkwasser bekannt. Es mag sein, dass der in Deutschland recht hohe Standard in der Trinkwasseraufbereitungstechnologie bei diesen Mikroorganismen eine Rolle spielt. Es könnte aber auch sein, dass in anderen Ländern die Überwachung dieser Parasiten wesentlich intensiver betrieben wird und damit dort auch mehr Erkenntnisse vorliegen.

In der Trinkwasserverordnung gibt es keine konkreten Grenzwerte für diese Mikroorganismen. Es heißt aber in § 5 Abs. 1, dass im Wasser für den menschlichen Gebrauch keine Krankheitserreger in Konzentrationen enthalten sein dürfen, die eine Schädigung der menschlichen Gesundheit besorgen lassen. Nach verschiedenen Erkenntnissen muss man bei *Cryptosporidium parvum* davon ausgehen, dass bei 10 bis 30 Oozysten pro 100 L bereits Erkrankungen ausbrechen. Bei *Giardia lamblia* sind schon bei 3 bis 5 Zysten pro 100 L regelmäßig hohe Raten von Erkrankungen innerhalb der Bevölkerung des betroffenen Wasserversorgungsgebietes aufgetreten. In Großbritannien zum Beispiel müssen Wasserversorgungsunternehmen, die aufbereitetes Flusswasser abgeben, sicherstellen, dass weniger als 1 Cryptosporidien-Oozyste pro 10 L Trinkwasser vorhanden ist.

In der neuen Trinkwasserverordnung verlangt § 5 Abs. 4 vor allem aufgrund der Erkenntnisse mit diesen Parasiten, dass bei entsprechenden Rohwasserverhältnissen eine geeignete Aufbereitungsanlage nach den allgemein anerkannten Regeln der Technik gegebenenfalls unter Einschluss einer Desinfektion installiert wird. Solche Anlagen können, wenn sie noch nicht vorhanden sind, je nach den örtlichen Verhältnissen recht teuer werden und sich dann auch entsprechend im Wasserpreis bemerkbar machen. Dies dürfte nicht nur die öffentlichen Wasserwerke sondern vor allem auch die vielen Einzelwasserversorgungen betreffen, deren Einzugsgebiete recht oberflächennah und ungeschützt sind. In diesem Bereich dürfte auch die neue Ultrafiltrationstechnik in der Trinkwasseraufbereitung an Bedeutung gewinnen.

6.1.6. Escherichia coli

Escherichia coli (*E. coli*) ist der wichtigste Indikator für fäkale Verunreinigungen des Trinkwassers. Das Bakterium kommt im Darm von Menschen und warmblütigen Tieren in einer Zahl von 100.000.000 bis 1.000.000.000 pro g Fäzes vor. Der Nachweis von *E. coli* im Trinkwasser ist ein direkter Hinweis auf eine stattgefundene fäkale Kontamination (Verunreinigung mit Fäzes von Menschen oder warmblütigen Tieren). Bei den Tieren können es landwirtschaftliche Nutztiere, Haustiere, Wildtiere aber auch Kleinsäuger sein. Im Falle einer Grenzwertüberschreitung des mikrobiologischen Parameters *Escherichia coli* ist daher eine direkte

Gesundheitsgefahr für die Verbraucher gegeben. Bei einem Nachweis von *E. coli* müssen deshalb unabhängig von der nachgewiesenen Konzentrationen Sofortmaßnahmen zum Schutz der Bevölkerung ergriffen werden.

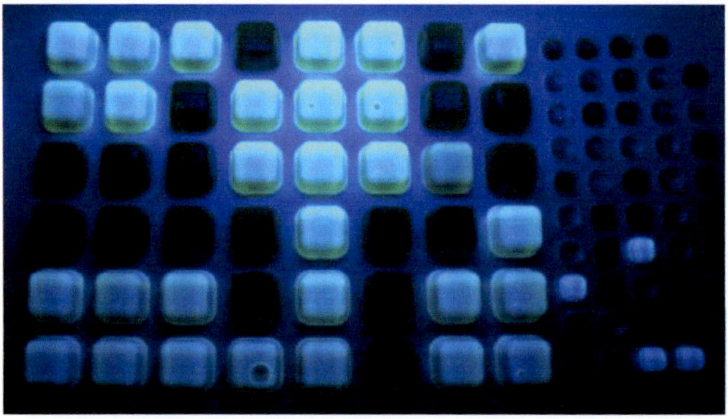

Abb. 14: E. coli-Nachweis unter UV-Licht

Die meisten *Escherichia coli* sind harmlose Darmbewohner. Doch gibt es zwischenzeitlich auch potenziell pathogene Vertreter. Dabei handelt es sich um Stämme, die durch Aufnahme weiterer genetischer Informationen zu Krankheitserregern geworden sind. Dazu gehören enteropathogene *E. coli* (EPEC), enterotoxinogene *E. coli* (ETEC), enteroinvasive *E. coli* (EIEC) und enterohämorrhagische *E. coli* (EHEC). Werden nach Störfällen in der Trinkwasseraufbereitung und -verteilung *Escherichia coli* nachgewiesen, ist das Vorhandensein potenziell pathogener Stämme nicht auszuschließen (siehe hierzu auch das Kapitel „Auch Krankheitserreger entwickeln sich weiter").

Allgemein gilt für *Escherichia coli* ein Grenzwert von 0 pro 100 ml. In Wasser, das zur Abfüllung in Flaschen oder sonstige Behältnisse zum Zwecke der Abgabe bestimmt ist, gilt ein verschärfter Grenzwert von 0 pro 250 ml.

6.1.7. Enterokokken

Zu den Enterokokken gehören im Wesentlichen die vier Arten *E. hirae*, *E. durans*, *E. faecalis* und *E. faecium*. Sie werden ebenfalls zu den Fäkalindikatoren gerechnet. Enterokokken sind aufgrund ihres Zellwandaufbaus widerstandsfähiger gegen chemische Desinfektionsmittel wie Chlor, Chlordioxid, Ozon usw. als coliforme Bakterien. Sie können auch länger in der Umwelt überleben. Der Nachweis von Enterokokken kann daher auch ein Hinweis auf eine länger zurückliegende fäkale Verunreinigung sein.

Einige Enterokokken kommen vorzugsweise auf pflanzlichem Material vor. Da sie auch gegen das Austrocknen sehr resistent sind, kann man sie mitunter in frisch verlegten oder reparierten Wasserleitungen finden, wenn dort nicht sterilisierte Hanfstricke als Dichtungsmaterial verwendet wurden. Die Grenzwertüberschreitung des Parameters Enterokokken hat dieselben Konsequenzen wie die Grenzwertüberschreitung des Parameters *Escherichia coli*.

Allgemein gilt für *Enterokokken* ein Grenzwert von 0 pro 100 ml. In Wasser, das zur Abfüllung in Flaschen oder sonstige Behältnisse zum Zwecke der Abgabe bestimmt ist, gilt ein verschärfter Grenzwert von 0 pro 250 ml.

6.1.8. Giardia

Siehe *Cryptosporidium* und *Giardia*.

6.1.9. Koloniezahlen

Die Koloniezahlen charakterisieren die allgemeine hygienische Beschaffenheit eines Trinkwassers ohne direkten Zusammenhang mit bestimmten Krankheitserregern. Die unterschiedlichen Bebrütungstemperaturen geben bereits

Hinweise auf die mögliche Herkunft der Bakterien. Bei 36 °C wachsen bevorzugt diejenigen Bakterien, die bei dieser Temperatur ihr Wachstumsoptimum haben. Hier könnten Fäulnisprozesse im Boden oder eventuell auch Fäkalien die Ursache sein. Bei 20 °C beziehungsweise 22 °C wächst dagegen die Mehrzahl der Bakterien, die ubiquitär (also praktisch überall) vorkommen, aus dem Boden stammen und Nachverkeimungen, Biofilme in Wasserversorgungsanlagen u.ä. bilden können. Die Koloniezahl stellt auch ein gutes Verfahren dar, um die Effektivität der Desinfektionsanlagen zu kontrollieren.

Ein Ansteigen der Koloniezahlen im Bereich des Wasserverteilungssystems deutet häufig auf lange Stagnationszeiten, ungeeignete Behälter- und Leitungswerkstoffe, Korrosionsvorgänge, Baumaßnahmen im Verteilungsnetz oder das unsachgemäße Beheben von Rohrbrüchen hin.

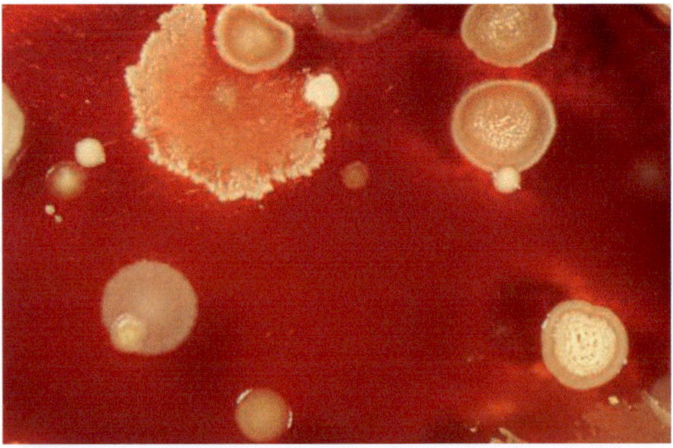

Abb. 15: Verschiedene Kolonien auf speziellem Nährboden

Auch wenn die allermeisten Koloniezahlen von harmlosen Bakterien stammen, sollten bei Grenzwertüberschreitungen entsprechende Maßnahmen in die Wege geleitet werden. Auch harmlose Bakterien können in allzu großer Zahl Probleme mit sich bringen, wenn sie auf geschwächte Personen oder Lebensmittel (schnellerer Lebensmittelverderb) treffen.

Bei den Koloniezahlen sind die Grenzwerte in der neuen Trinkwasserverordnung sehr allgemein formuliert: „ohne anormale Veränderung". Werden die in der alten Trinkwasserverordnung genannten Untersuchungsverfahren angewendet, gelten folgende Grenzwerte bei einer Bebrütungstemperatur von 20 °C: 100 pro mL am Zapfhahn des Verbrauchers; 20 pro mL unmittelbar nach Abschluss der Aufbereitung im desinfizierten Wasser; 1.000 pro mL bei Wasserversorgungsanlagen nach § 3 Nr. 2 Buchstabe b (Kleinanlagen) sowie in Tanks von Land-, Luft- und Wasserfahrzeugen.

Bei einer Bebrütungstemperatur von 36 °C gilt beim Untersuchungsverfahren nach der alten Trinkwasserverordnung generell ein Grenzwert von 100 pro mL.

Unabhängig vom angewandten Verfahren ist ein plötzlicher oder ein kontinuierlicher Anstieg der Koloniezahlen unverzüglich der zuständigen Behörde zu melden.

6.1.10. Legionellen

Legionellen sind weniger ein Problem der öffentlichen Trinkwasserversorgungsanlagen als eines der Warmwasseranlagen und der schlecht isolierten Kaltwasserverteilungsnetze in den Hausinstallationen. Dabei geht die Gefahr nicht von den getrunkenen Legionellen aus, sondern von denen, die über Aerosole in die Lunge eingeatmet werden. Die Legionellen können zu zwei Arten von Erkrankungen führen: Der Legionärskrankheit, einer schweren Lungenentzündung, bei der ohne entsprechende ärztliche Behandlung mehr als 20% der Betroffenen sterben können und dem wesentlich selteneren und weniger schweren Pontiacfieber, einer fieberhaften Erkrankung ohne Lungenentzündung.

Wegen der besonderen Bedeutung dieser Bakterien in den Hausinstallationen, vor allem in Gebäuden mit öffentlichem

Zugang, wurden sie in einem besonderen Kapitel weiter oben behandelt.

Die Trinkwasserverordnung nennt selbst keine konkreten Grenzwerte, doch gibt es Empfehlungen im DVGW-Arbeitsblatt W 551, das sich mit deren Vorkommen und gegebenenfalls mit der Sanierung der Leitungsnetze und anderer Maßnahmen beschäftigt. Das genannte Arbeitsblatt ist derart umfangreich, dass eine ausführliche Behandlung den Rahmen dieses Buches sprengen würde. Den Verantwortlichen wird empfohlen, im Bedarfsfall das Arbeitsblatt zu erwerben.

6.1.11. Pilze

Man schätzt, dass derzeit etwa 50.000 Pilzarten auf der Erde vorkommen. Davon wurden bisher weniger als 300 Arten als Krankheitserreger des Menschen beschrieben. Ungefähr nur ein Dutzend dieser Krankheitserreger verursacht mehr als 90 % aller Pilzkrankheiten. Pilze sind, obwohl man sie zu den Pflanzen zählt, nicht in der Lage, Fotosynthese zu betreiben. Sie benötigen vielmehr organische Substanzen als Nährstoffe, worauf ihre Lebensweise als Saprophyten (z. B. auf faulendem Holz), Symbionten (z. B. in Flechten) oder Parasiten (z. B. auf vielen lebenden Nutzpflanzen) zurückzuführen ist. Viele Verbraucher wissen nichts über die Vielzahl der vorkommenden Pilzarten. Oft wird von den Fachunkundigen auch die Bezeichnungen „Schimmel“ oder „Algen“ benutzt. Sie kommen überall auf der Welt, also ubiquitär, vor und ihre Sporen werden über die Luft, den Erdboden, das Wasser, Lebensmittel usw. verbreitet.

Im Trinkwasser vermehren sie sich in der Regel nicht, da dieses häufig nicht die erforderlichen Nährstoffe enthält. Aber auf nährstoffhaltigen Oberflächen, die vom Trinkwasser benetzt werden, kann man bei geeigneten sonstigen Umweltbedingungen ein Wachstum von Pilzen feststellen. Dies kann in Hochbehältern, Einrichtungen des Verteilungsnetzes, unsachgemäß gehandhabten Trinkwassergefäßen (Flaschen, Kanister, Krüge, Gläser usw.) der Fall sein. Sehr häufig findet ein Pilzwachstum an feuchten Stellen im Trinkwasserverteilungsnetz (Strahlregler an Wasserhähnen, Duschköpfen) oder an anderen feuchten Stellen wie Duschkabinen, Umgängen in Schwimmbädern, Spülkästen in den Toiletten u. Ä. statt. Insbesondere dann, wenn dabei auch noch Kalkkrusten o. ä. eine Rolle spielen.

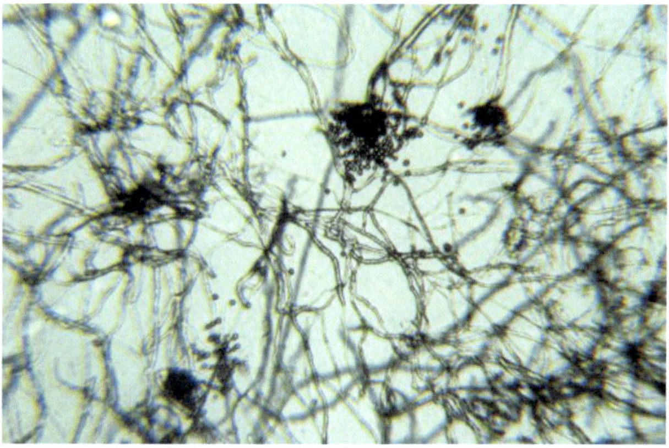

Abb. 16: Pilzgeflecht aus Strahlregler

In der Trinkwasserverordnung gibt es keinen Grenzwert für Pilze. Es empfiehlt sich aber, wenn im Trinkwasserbereich Pilze gefunden werden, diese aus allgemein-hygienischen Gründen zu entfernen und in den betroffenen Bereichen auf Sauberkeit zu achten.

6.1.12. Pseudomonas aeruginosa

Alle Pseudomonaden kommen in der Natur weit verbreitet vor. Man findet sie regelmäßig im Erdboden, in Oberflächengewässern, auf Pflanzen und in kleiner Zahl auch im Darm von Mensch und Tier. Sie können sich in einem feuchten Milieu, das nur Spuren von Nährsubstraten enthält, vermehren. *Pseudomonas aeruginosa* ist ein fakultativ humanpathogenes Bakterium. Seine hygienische Bedeutung liegt vor allem in medizinischen Bereichen (Krankenhäuser usw.). Weiterhin kommt er im Zusammenhang mit badewasserbedingten Erkrankungen der Haut und des äußeren Gehörganges sowie bei oraler Aufnahme bei den vorwiegend leichteren Formen von Lebensmittelvergiftungen vor. Besonders anfällig für Kontaminationen sind Trinkwasserleitungsenden, Trinkwassercontainer, Abfüllanlagen für Flaschen und sonstige Behältnisse, sogenannte Trinkbrunnen in Betrieben und Einrichtungen mit öffentlichem Zugang, Transportwagen o. ä., wobei nicht selten ungeeignete Materialien in den Anlagen eine Rolle spielen.

Besonders gefährdet sind Personen, die Defekte der unspezifischen oder spezifischen Infektabwehr aufweisen. Da sich der weit verbreitete Keim unter einfachsten Bedingungen in einem feuchten Milieu vermehren kann, kommen zahlreiche Infektionsquellen in Frage: Waschbecken, Toiletten, Kosmetika, Luftbefeuchter, Inhalatoren, Beatmungsgeräte, Narkosegeräte, Dialysegeräte usw. Bei Grenzwertüberschreitungen kommen vornehmlich Hygienemaßnahmen in Frage.

In Wasser, das zur Abfüllung in Flaschen oder sonstige Behältnisse zum Zwecke der Abgabe bestimmt ist, gilt für *Pseudomonas aeruginosa* in der Trinkwasserverordnung ein Grenzwert von 0 pro 250 mL.

6.1.13. Viren

Viren können sich nicht selbst vermehren. Sie benötigen dazu lebende Zellen. Außerhalb der sogenannten Wirtszelle haben sie keinen eigenen Stoffwechsel. Mit ihrer Vermehrung in den Zellen ist in der Regel die Schädigung der Wirtszelle verbunden. Damit sind die Viren zwangsläufig Krankheitserreger. Das Vorkommen von Viren im Trinkwasser ist somit stets mit einer Infektionsgefahr verbunden.

Die Festlegung eines Trinkwassergrenzwertes für Viren ist daher problematisch. Sie dürfen im Trinkwasser überhaupt nicht nachweisbar sein.

Das Infektionsrisiko hängt dabei wesentlich davon ab, wie empfänglich der Mensch als Wirt für das Virus ist und ob das Virus in der Lage ist, nach oraler Aufnahme über den Magen-Darm-Trakt eine Infektion auszulösen. Bei vielen gefährlichen Viren wie z. B. Gelbfieber-, Tollwut-, Masern- und anderen Viren ist dies glücklicherweise nicht der Fall. Die Viren, von denen man weiß, dass sie nach oraler Aufnahme beim Menschen zu Erkrankungen führen können, sind in der nachfolgenden Tabelle aufgelistet.

Virusgruppe	**Krankheitsmerkmale**
Adenovirus	Konjunktivitis, Atemwegserkrankungen, Gastroenteritis
Astrovirus	Gastroenteritis
Norwalkvirus	Übelkeit, Gastroenteritis
Hepatitis E Virus	Hepatitis E, schwerer Verlauf bei Schwangeren
Coronavirus	Gastroenteritis
Hepatitis A Virus (Hepatovirus)	Fieber, Hepatitis
Poliovirus	Paralyse, Meningitis, Fieber, schlaffe Lähmung
Coxsackievirus A	Herpangina, Atemwegserkrankungen, Meningitis
Coxsackievirus B	Fieber, Myocarditis, Pleurodynie
Echovirus	Atemwegserkrankungen, Fieber, Meningitis u. a. m.
„Nummerierte" (68 – 71) Enteroviren	Meningitis, Encephalitis, respiratorische Erkrankung
Reovirus	Noch unklar
Rotavirus	Übelkeit, Durchfall

Tabelle: Viren und Krankheitsmerkmale

Die durch Trinkwasser übertragbaren Viren stammen in fast allen Fällen aus menschlichen Ausscheidungen. Der häufigste Weg ins Trinkwasser erfolgt über Abwasser, Oberflächenwasser und eine unzureichende Trinkwasseraufbereitung. Eine einfache Chlorung ist in vielen Fällen zur Elimination oder Desaktivierung der Viren nicht ausreichend. Eine gute Filtration oder Flockungsfiltration ist da bei oberflächennahen Wässern wesentlich effektiver. Im Untergrund können Viren oft viele Monate überdauern. Bei gut filtrierenden Bodenschichten werden die Viren zurückgehalten und inaktiviert. Daher kann man im Grundwasser nur selten Viren nachweisen. Dies gilt jedoch nicht für Karstgrundwässer und Uferfiltrate. Durch das Gießen bzw. Beregnen von Pflanzen für die Ernährung mit virenhaltigem Wasser können Viren ebenfalls übertragen werden.

Obwohl die WHO den Viren bei Epidemien über das Trinkwasser eine sehr große Beetedeutung zumisst, gibt es in der Trinkwasserverordnung keinen Grenzwert für sie. Ihr Nachweis ist allerdings auch sehr schwierig, und dürfte daher in absehbarer Zeit nur Speziallabors vorbehalten bleiben.

6.2. Physikalische und chemische Parameter

Theoretisch können im Trinkwasser unzählige Inhaltsstoffe enthalten sein. Konfrontiert man den fachlichen Laien mit dieser Tatsache, dann argumentierte er meistens so: „Ich will ja gar nicht wissen, was alles im Wasser enthalten ist. Ich will ja nur wissen, ob das Wasser gut ist.“ Diese scheinbar recht einfache Fragestellung kann letztlich niemand mit Sicherheit beantworten. Selbst wenn man einen noch so großen Analysenaufwand betreiben würde. Es gibt Stoffe, die man gar nicht kennt und auf die man deshalb auch gar nicht untersucht. Dann gibt es Stoffe, die man zwar kennt, sie aber nicht genau genug analysieren kann. Andere wiederum kann man zwar genau genug analysieren, aber man weiß nicht, welche Auswirkungen sie auf die Verbraucher haben. So kommt es, dass praktisch alle sinnvollen Trinkwasseruntersuchungen eine Auswahl von Stoffen berücksichtigt, von denen man annimmt, dass sie je nach Fragestellung die Trinkwasserqualität in ausreichendem Maße beschreiben können.

Bei diesen Parametern ist es ähnlich wie bei den mikrobiologischen Parametern. Wer sich für besondere Stoffe außerhalb der Trinkwassergrenzwerte interessiert, muss sich meist an Speziallabors wenden.

Im Gegensatz zu den mikrobiologischen Parametern vermehren sich die physikalischen und chemischen Parameter im Körper nicht, wenn sie mit dem Trinkwasser aufgenommen werden. Sie bestimmen aber die technischen und praktischen Eigenschaften eines Wassers wesentlich. Nimmt man sie in zu hohen Konzentrationen zu sich, können sie zu physiologischen Störungen oder gar Vergiftungserscheinungen führen. In extremen Fällen führen sie zum Tode. Manche dieser Stoffe können zum Beispiel auch Krebs erregend sein und wirken dann über längere Zeiträume. Ebenso über längere Zeiträume wirken radioaktive Stoffe. In diesem Kapitel sollen vor allem die Stoffe, die in der Trinkwasserverordnung genannt werden oder sonst von Bedeutung sind, in alphabetischer Reihenfolge etwas näher erläutert werden.

6.2.1. Acrylamid

Acrylamid kann in der Trinkwasseraufbereitung mit Flockungsmitteln in das Trinkwasser gelangen. Da es beim Menschen wahrscheinlich krebserregend und nervenschädigend wirkt und auch das Erbgut schädigen soll, zumindest deuten Tierversuche darauf hin, wird ihm in jüngster Zeit besondere Aufmerksamkeit gewidmet.

Acrylamid wurde zunächst nur als Ausgangsstoff für Kunststoffe (Polyacrylamid) betrachtet. Dann wurde bekannt, dass es auch in erhitzten stärkehaltigen Lebensmitteln wie Pommes frites und Chips vorkommen kann. Acrylamid bildet sich bei der trockenen Erhitzung stärkehaltiger Lebensmittel ab einer Temperatur von 120 °C, das Temperaturoptimum liegt bei 180 °C. Der genaue Reaktionsweg ist noch nicht geklärt, es wird jedoch vermutet, dass es zu einer Reaktion zwischen Zuckern und Aminosäuren (insbesondere Asparagin) kommt. In Extremfällen konnten schon Konzentrationen bis zu mehreren Milligramm pro Kilogramm gemessen werden. Manche kosmetische Mittel enthalten bis zu 2 % Polyacrylamid. Kosmetika gelten als wichtige Belastungsquelle für den Menschen. Weiterhin enthält der Rauch einer Zigarette ca. 0,001 bis 0,002 mg Acrylamid. Im Trinkwasserbereich sind die Konzentrationen im Allgemeinen aber so gering, dass im Vergleich zu den übrigen Lebensmitteln kaum von einer Gesundheitsgefährdung gesprochen werden kann, wenn man den derzeitigen Kenntnisstand zur Beurteilung heranzieht.

Der derzeit gültige Grenzwert in der Trinkwasserverordnung von 0,0001 mg/L bezieht sich auf die Restmonomerkonzentration im Wasser, berechnet aufgrund der maximalen Freisetzung nach den Spezifikationen des entsprechenden Polymers und der angewandten Polymerdosis. Da dieser Stoff nach den Bestimmungen der Trinkwasserverordnung nicht gemessen sondern berechnet wird, benötigen die Wasserversorgungsunternehmen zu dessen Bestimmung von den Herstellern der in der Wasseraufbereitung eingesetzten Stoffe die Produktspezifikationen.

Die aktuellen Untersuchungsergebnisse bestätigen, dass die höchsten Acrylamidgehalte (bis zu mehreren mg/kg) in Kartoffelerzeugnissen wie Chips, Pommes frites und Kartoffelpuffern, in Lebkuchen und ähnlichen Erzeugnissen, in Backwaren für Diabetiker und im Kaffee und Kaffeeersatz zu finden sind. In gekochten Speisen, Obst, Gemüse, Fleisch- und Milcherzeugnissen können höchstens geringe Spuren festgestellt werden.

Der Trinkwassergrenzwert für Acrylamid beträgt 0,0001 mg/L.

6.2.2. Aluminium

Aluminium ist das dritthäufigste Element in der Erdkruste. Es verwundert daher nicht, dass es in fast allen natürlichen Wässern, wenn auch nur in geringen Konzentrationen, vorkommt. Die Gehalte liegen meist bei 0,01 bis 0,1 mg/L. in sauren ungepufferten Oberflächengewässern können die Konzentrationen auch bis über 3 mg/L betragen.

In Trinkwasseraufbereitungsanlagen finden Aluminiumsalze auch als Flockungsmittel Verwendung. Erhöhte Aluminiumgehalte können daher auch auf eine Fehlfunktion in der Trinkwasseraufbereitung hindeuten. Wegen ihrer Häufigkeit in der Erdkruste ist Aluminium auch oft in Tonmineralien zu finden. Erhöhte Aluminiumgehalte können dann auch auf die Eintrübung von Wässern durch Tonmineralien zurückgeführt werden.

Aluminium beziehungsweise Aluminiumverbindungen stehen neuerdings wegen der Förderung der Arteriosklerose, der Störung des Phosphatstoffwechsels, der Gefährdung von Nierenkranken, dem Auftreten von Dialyse-Enzephalopathie (Sammelbezeichnung für alle nicht-entzündlichen Hirnschäden) sowie der Alzheimerkrankheit in der Diskussion. Die derzeit im Trinkwasserbereich gemessenen Konzentrationen sind in der Regel aber so gering, dass hinsichtlich der genannten Krankheiten kaum eine Gefährdung über das Trinkwasser angenommen werden muss. In Gebieten mit stark versauerten Böden oder Oberflächengewässern sind aber Untersuchungen durchaus zu empfehlen.

Der Trinkwassergrenzwert für Aluminium beträgt 0,2 mg/L.

6.2.3. Ammonium

Ammonium ist Bestandteil des natürlichen Stickstoffkreislaufes. Die in der Regel geringen Ammoniumgehalte im

Trinkwasser (weniger als 0,5 mg/L) sind humantoxikologisch unbedeutend. Höhere Ammoniumsgehalte von 1 mg/L und mehr kommen oft in sogenannten „reduzierten" Grundwässern vor. Diese Wässer enthalten oft nur sehr wenig oder gar keinen Sauerstoff. Bei Anwesenheit von höheren Ammoniumgehalten muss im Zusammenhang mit anderen Wasserinhaltsstoffen (z. B. organisch gebundener Kohlenstoff, Sauerstoff, Nitrit, Nitrat, Eisen, Mangan usw.) geklärt werden, ob das Ammonium geogenen Ursprungs ist, oder ob es auf eine menschliche Verunreinigungquelle hindeutet.

Grundsätzlich sind erhöhte Ammoniumgehalte als bedenklich einzustufen. Erhöhte Ammoniumgehalte können verschiedene Trinkwasseraufbereitungsschritte zum Teil erheblich beeinträchtigen. Ammoniumgehalte von 0,1 bis 0,2 mg/L und mehr können bei der Desinfektion des Wassers mit Chlor/Hypochlorit wegen der Bildung von Chloraminen zu Geruchsbelästigungen und manchmal auch zu Reizungen der Haut und der Augen führen. Dies ist vor allem in stark belasteten Hallen- und Freibädern zu beobachten.

Da Ammonium in einem chemischen Gleichgewicht mit dem giftigen Ammoniak steht, welches vom pH-Wert abhängig ist, kann es bei hohen Ammoniumgehalten und gleichzeitig hohen pH-Werten zu Fischsterben kommen (z.B. in Aquarien oder bei Einleitung in öffentliche Fischgewässer).

Der Trinkwassergrenzwert für Ammonium beträgt 0,5 mg/L. Geogen bedingte Überschreitungen bleiben bis zu einem Grenzwert von 30 mg/L außer Betracht. Die Ursache einer plötzlichen oder kontinuierlichen Erhöhung der üblicherweise gemessenen Konzentration ist zu untersuchen.

6.2.4. Antimon

Antimon wird hinsichtlich seiner gesundheitlichen Eigenschaften ähnlich bewertet wie das Arsen. Über Vergiftungserscheinungen wird aber wesentlich seltener berichtet, da die Salze des Antimons die Magen- und Darmwände weniger leicht durchdringen können als die Arsenverbindungen. Bei Antimontrioxid gibt es den begründeten Verdacht, dass es krebserregend ist.

Antimon gilt in der neuen Trinkwasserverordnung als ein Stoff, dessen Konzentration im Verteilungsnetz oder in der Hausinstallation noch ansteigen kann. Begründet wird dies mit der Verwendung des Antimons als Legierungselement in Loten, Armaturen und als Verunreinigung in Kupferlegierungen.

Im Grundwasser, Oberflächenwasser und Meerwasser kommt Antimon in der Regel nicht in höheren Konzentrationen als 0,0002 mg/L vor. In manchen Thermalwässern kann man auch Gehalte bis 0,9 mg/L messen.

Der Trinkwassergrenzwert für Antimon beträgt 0,005 mg/L.

6.2.5. Arsen

Arsen ist ein natürliches Element der Erdkruste und kommt deshalb in der Natur nahezu überall vor, wenn auch nur in Spuren. Die meisten Böden enthalten es in Konzentrationen von 5 bis 10 mg/kg. Relativ reich an mineralischem Arsen sind Buntsandstein, Basalt und Lockersedimente. In Wasservorkommen solcher geologischer Schichten können erhöhte Arsengehalte geogener Herkunft sein. Eine weitere Quelle für Arsen sind häufig Sickerwässer von Abfalldeponien. Höhere Arsengehalte als im Trinkwasser sind aber eher in Nahrungsmitteln wie ungeschältem Reis, Mehl, einigen Obstsorten und Spinat zu finden.

Bereits seit sehr langen Zeiten ist die Giftigkeit des Arsens für den Menschen bekannt. Durch chronische Arsenvergiftungen wird vor allem das zentrale Nervensystem geschädigt. Ebenso treten Hautveränderungen und als Spätfolgen Karzinome auf. Die tödliche Dosis für den Menschen liegt bei etwa 0,15 bis 0,3 g.

Die als Trinkwasser geförderten Wässer enthalten meist nur sehr geringe Arsenkonzentrationen. Die Gehalte liegen in der Regel bei weniger als 0,01 mg/L. Liegen sie höher, kann dessen Entfernung aus dem Trinkwasser durch Adsorption an granuliertes Eisen(III)arsenat auch bei kleinen Wasserwerken erfolgen.

Arsen gehört zu den Stoffen, deren Grenzwert im Laufe der Zeit verschärft wurde. Noch vor 1996 galt in der alten Trinkwasserverordnung ein Grenzwert von 0,04 mg/L. Dies führte dazu, dass eine Reihe von Wasservorkommen, die noch dem alten Grenzwert genügten, aber mehr als 0,01 mg/L Arsen aufwiesen, von einem Tag auf den anderen keine Trinkwasserqualität mehr hatten, aus der Wasserversorgung herausgenommen wurde oder anderweitig Maßnahmen getroffen werden mussten, um weiterhin als Trinkwasser genutzt werden zu können.

Der Trinkwassergrenzwert für Arsen beträgt 0,01 mg/L.

6.2.6. Arzneimittel

Bei Untersuchungen von Oberflächen-, Grund- und Trinkwässern wurde bisher in der Regel nicht auf Arzneimittel untersucht. Prüfungen auf deren Umweltverhalten im Rahmen der Zulassung waren auch nicht vorgesehen. So richteten erst zufällige Befunde von Arzneimittelspuren in Gewässern die Aufmerksamkeit wieder auf die bereits in den siebziger Jahren des letzten Jahrhunderts diskutierte Thematik.

Human- und Tierarzneimittel, Kontrastmittel und Futtermittelzusatzstoffe können direkt oder nach deren Umwandlung über die Ausscheidungen von Mensch und Tier durch das Abwasser, Kläranlagen, Klärgruben und Einträge aus der Landwirtschaft in die Gewässer und dann über das Uferfiltrat ins Grundwasser bis ins Trinkwasser gelangen.

Einen direkten Grenzwert für diese Stoffe gibt es in der Trinkwasserverordnung nicht. Jedoch fordert § 6 Absatz 1 in der Trinkwasserverordnung, dass im Wasser für den menschlichen Gebrauch chemische Stoffe nicht in Konzentrationen enthalten sein dürfen, die eine Schädigung der menschlichen Gesundheit besorgen lassen. Weiterhin ist in Absatz 3 dieses Paragraphen festgehalten, dass Konzentrationen von chemischen Stoffen, die das Wasser für den menschlichen Gebrauch verunreinigen oder seine Beschaffenheit nachteilig beeinflussen können, so niedrig gehalten werden sollen, wie dies nach den allgemein anerkannten Regeln der Technik mit einem vertretbaren Aufwand unter Berücksichtigung der Umstände des Einzelfalles möglich ist. Diese Vorschrift ist auch auf Arzneimittel anzuwenden.

Zudem verbietet § 17 des Lebensmittel- und Bedarfsgegenständegesetzes, zum Verzehr nicht geeignete Lebensmittel gewerblich in den Verkehr zu bringen. Zum Verzehr nicht geeignet sind auch solche Lebensmittel, bei denen nicht erkennbar ekelerregende Beeinträchtigungen vorliegen. Inwieweit Trinkwasser, von dem die Verbraucher annehmen, es seien darin Arzneimittel und ähnliche Stoffe enthalten, dazugehört, wird sicherlich noch in zahlreichen Diskussionen erörtert werden. Man darf auf die zukünftige Handhabungsweise der Arzneimittel im Trinkwasser gespannt sein.

Auf jeden Fall ist ein Grenzwert für Arzneimittel schon in der Diskussion. In Deutschland hat die Trinkwasserkommission des Bundesministeriums für Gesundheit und soziale Sicherheit (BMGS) 2003 einen „pragmatisch gesundheitlichen Orientierungswert“ von 100 ng/L (Nanogramm pro Liter) herausgegeben, ab dem das Gesundheitsamt eine Gesundheitsgefährdung durch chemische Stoffe im Trinkwasser prüfen sollte.

6.2.7. Basekapazität

Die Basekapazität wird im Wesentlichen durch den Gehalt des Wassers an schwachen Säuren und Basen wie Huminstoffen und Phosphaten (sogenannte Fremdpuffer), insbesondere aber auch durch die undissoziierte Kohlensäure bestimmt.

Bei fremdpufferfreien und kohlensäurehaltigen Wässern kann es angebracht sein, die Titration bei einem besonders berechneten pH-Wert zu beenden. In vielen Fällen entspricht dann die Basekapazität der Konzentration an undissoziierter Kohlensäure.

In der Trinkwasserverordnung gibt es keinen Grenzwert für die Basekapazität. Für die Bewertung metallischer Werkstoffe in der Hausinstallation nach DIN 50930 Teil 6 ist die Basekapazität von Bedeutung (siehe auch Kapitel 3.3.4.).

6.2.8. Benzol

Benzol ist der einfachste aromatische Kohlenwasserstoff. Die gesundheitliche Bedeutung von Benzol beruht darauf, dass es in der Lage ist, Krebs zu erregen. Die Aufnahme des Benzols durch den Menschen erfolgt hauptsächlich inhalativ über den Kraftfahrzeugverkehr (Benzin enthält etwa 2 bis 4 % Benzol) und das Zigarettenrauchen (Benzol entsteht unter anderem bei der unvollständigen Verbrennung organischer Stoffe). Punktuell können auch Benzolkontaminationen des Grundwassers vorkommen. In vielen Lösemitteln (z. B. vielen Klebstoffen) ist Benzol aber auch als technische Verunreinigung enthalten.

Die Aufnahme des Benzols über das Trinkwasser ist im Vergleich zur Aufnahme über die Luft verschwindend gering. In früheren Trinkwasserverordnungen gab es noch keinen Grenzwert für das Benzol. Der Grenzwert in der neuen Trinkwasserverordnung beträgt 0,001 mg/L.

6.2.9. Benzo(a)pyren

Benzo(a)pyren gehört zu den polyzyklischen aromatischen Kohlenwasserstoffen (PAK). Es ist die bekannteste Einzelverbindung und wird häufig als Leitsubstanz für das Vorkommen und die Wirkung von Gemischen der PAK betrachtet. Die PAK entstehen durch unvollständige Verbrennungsprozesse der verschiedensten Art. Sie kommen zum Beispiel im Zigarettenrauch, in gegrillten Nahrungsmitteln, Abrieb von Teer- und Bitumenoberflächen, Auswaschungen von Böden und an Partikel gebunden in der Luft vor. Auch ohne besondere Eintragsquellen kann man in Oberflächengewässern Gehalte an einzelnen PAK von 0,00005 mg/L feststellen. Im Regenwasser und im Schnee findet man höhere Gehalte durch die Auswaschung kontaminierter Partikel in der Luft.

Ein Trinkwassergrenzwert für Benzo(a)pyren wurde erst in der neuen Trinkwasserverordnung eingeführt. Grenzwertüberschreitungen haben im Trinkwasser oft einen Zusammenhang mit Steinkohleteeranstrichen in Trinkwasserleitungen. Im Vergleich zur Aufnahme mit anderen Nahrungsmitteln ist die Aufnahme über das Trinkwasser als gering einzustufen.

Die gesundheitliche Bedeutung von Benzo(a)pyren liegt darin, dass es zumindest im Tierversuch als krebserregend gilt. Der Trinkwassergrenzwert beträgt 0,00001 mg/L.

6.2.10. Blei

Blei besitzt nur eine sehr geringe Löslichkeit und kommt deshalb in merklichen Konzentrationen im Grundwasser nur sehr selten vor. Es gibt aber hydrogeologisch bedingte Ausnahmen. In den meisten Grundwässern liegen die Bleigehalte unter 0,001 mg/L. Bei chronischen Bleivergiftungen werden vornehmlich das blutbildende System, das zentrale Nervensystem und die glatte Muskulatur betroffen.

Bei Untersuchungen zur Bleibelastung des Trinkwassers durch das Institut für Wasser-, Boden- und Lufthygiene in den Jahren 1985 und 1986 wurde in 97 Wasserwerkern ein mittlerer Bleigehalt von 0,0015 mg/L festgestellt. Bei dem damaligen Grenzwert von 0,04 mg/L gab es in den Wasserwerken keine Grenzwertüberschreitungen. In der neuen Trinkwasserverordnung ist eine stufenweise Verringerung des Bleigrenzwertes vorgesehen. Vor dem 01.12.2003 galt noch der alte Grenzwert von 0,04 mg/L. Danach ist bis zum 30.11.2013 ein Bleigrenzwert von 0,025 mg/L festgelegt. Anschließend sind nur noch 0,01 mg/L zulässig. Auch dieser verschärfte Grenzwert war in den untersuchten Wasserwerken nicht überschritten worden.

Dennoch spielt Blei in der Trinkwasserversorgung eine besondere Rolle. Untersuchungen in den Haushalten haben nämlich im sogenannten Stagnationswasser, also dem stillstehenden Wasser in den Rohrleitungen, mittlere Bleigehalte von 0,0025 mg/L und in Extremfällen sogar bis 0,2 mg/L ergeben. Es ist allerdings sehr schwierig, verlässliche statistische Auswertungen für die Grenzwertüberschreitungen beim Blei in den Haushalten zu erhalten. Ältere Gebäude enthalten eher Bleirohre als Jüngere. Übertragen auf die Gesamtbevölkerung wären Grenzwertüberschreitungen bei etwa 1 bis 2 % der Haushalte denkbar.

Die wirksamste Maßnahme zur Verminderung der Bleibelastung im Trinkwasser ist der Austausch evtl. vorhandener

Bleirohre. Bei erhöhten Bleigehalten ist es auch möglich, dass das Blei aus der Zinkschicht verzinkter Stahlrohre stammt, die durch Korrosionsvorgänge angegriffen wurden. Bei höheren Zinkgehalten in der Hausinstallation kann es sogar zu Trinkwassergrenzwertüberschreitungen beim Blei kommen. Ist eine Sanierung des hausinternen Leitungssystems nicht schnell oder nicht so ohne weiteres realisierbar, können übergangsweise Sofortmaßnahmen getroffen werden. Diese bestehen darin, dass Wasser zur Ernährung von Kindern, Säuglingen oder Schwangeren in der Nähe des Wasserzählers, also an einer Stelle, an der es frisch von der öffentlichen Wasserversorgung hereinkommt, zu zapfen oder das Standwasser aus der Leitung solange ablaufen zu lassen, bis es gegen frisches Wasser ausgetauscht ist. Dies kann man häufig mit dem Finger fühlen, wenn das aus dem Wasserhahn kommende Wasser kalt geworden ist. Wen dieses Laufen lassen aus Sparsamkeitsgründen stört, kann das ablaufende Wasser auch zu Nichttrinkwasserzwecken wie Blumengießen, Reinigungsmaßnahmen o. ä. nutzen.

Denkt man an die Verwendung von hausinternen Trinkwassernachbehandlungsanlagen, so ist zu berücksichtigen, dass nicht alle diese Anlagen auch in der Lage sind, Blei in ausreichender Menge zu entfernen. Auch können diese Anlagen andere Nachteile haben (z. B. eine Verkeimung des Trinkwassers). Zudem beheben diese Anlagen nicht die Ursache für die hohen Bleigehalte in der hausinternen Trinkwasserleitung. Grundsätzlich gilt, dass man Trinkwasser aus bekannten Bleileitungen nicht für die Zubereitung von Säuglingsnahrung und auch nicht während einer Schwangerschaft für Lebemsmittelzwecke verwenden sollte. Dies gilt bei Blei nicht nur für Stagnationswasser, sondern auch für frisch abgelaufenes Wasser.

In der Trinkwasserverordnung gilt bis zum 30.11.2013 ein Grenzwert für das Blei von 0,025 mg/L. Danach beträgt er 0,01 mg/L. Für Blei in den Hausinstallationen gibt es hinsichtlich der Probenahme und der Bewertung vom Umweltbundesamt besondere Empfehlungen, die je nach Fragestellung auch berücksichtigt werden sollten.

6.2.11. Bor

In natürlichen unbeeinflussten Grundwässern liegen die Borgehalte in der Regel unter 0,05 bis 0,1 mg/L. Geogen können aber auch deutlich höhere Gehalte im Grundwasser vorkommen. Gehalte von mehr als 0,08 mg/L über dem natürlichen Hintergrund sind häufig ein Hinweis für Verunreinigungen durch menschliche Einflüsse. Bor wird häufig als Natriumperborat in Waschmitteln, Seifen und Kosmetika verwendet und erfährt in Gewässern und bei der Bodenpassage meist nur so geringe Veränderungen, dass das Bor heute als guter Indikator für verschiedene vom Menschen verursachte Beeinflussungen des Grundwassers und der Gewässer gilt. Von besonderer Bedeutung sind hierbei Abwasser- und Altlasteneinflüsse.

In toxikologische Hinsicht kann eine zu hohe orale Aufnahme zu Lethargie, Depressionen, Missempfindungen und Übelkeit führen. Schädliche Wirkungen auf das männliche Reproduktionssystem wurden ebenfalls schon beobachtet.

Der Trinkwassergrenzwert beträgt 1 mg/L.

6.2.12. Bromat

Bromat hat sich im Tierversuch als krebserregend erwiesen. Beim Menschen ist dies zwar nicht nachgewiesen, man geht aber vorsorglich davon aus, dass es so sein könnte. Dementsprechend misst man dem Bromat im Trinkwasser eine gesundheitliche Bedeutung bei. Bromat entsteht u. a. in der Trinkwasseraufbereitung durch die Ozonung (Oxidation) bromidhaltigen Wassers. Dabei können durchaus bis zu einem Drittel des vorhandenen Bromids zu Bromat oxidiert werden.

Weiterhin kann Bromat in handelsüblicher Natriumhypochloritlösung (Chlorbleichlauge) enthalten sein, wenn die Ausgangsmaterialien bei der Herstellung zu viel Bromid enthielten. Daher kann durch die Desinfektion des Trinkwassers mit Natriumhypochlorit (im Dauerbetrieb oder bei sporadischen Desinfektionsmaßnahmen wie z. B. bei einer Behälterreinigung) Bromat eingebracht werden.

Der Trinkwassergrenzwert in der Trinkwasserverordnung ist unterschiedlich. Bis zum 31.12.2007 gilt der Grenzwert von 0,025 mg/L. Danach beträgt der Grenzwert 0,01 mg/L.

6.2.13. Cadmium

Cadmium ist ein seltenes Metall, das unter anderem bei der Zinkgewinnung als Nebenprodukt entsteht und bei der Herstellung von Batterien, Pigmenten, Stabilisatoren, Lot und bestimmten Legierungen Verwendung findet. Die sogenannte Itai-Itai-Krankheit, die als Spätstadium eine Schrumpfung des Knochenskeletts in Folge einer chronischen Vergiftung hervorruft, ist durch eine lokale Umweltvergiftung mit Cadmium bekannt geworden. Als weitere chronische Schäden sind Störungen der Nierenfunktion bekannt. Das Gefäßsystem und die Blutbildung können ebenfalls in Mitleidenschaft gezogen werden.

Die Wirkungsschwelle für eine orale Vergiftung (Gastroenteritis mit Erbrechen und Durchfall) liegt bei etwa 15 mg/L im Trinkwasser oder anderen Getränken. Todesfälle werden nach der Aufnahme von etwa 30 bis 40 mg/L beschrieben.

Die Konzentration von Cadmium im vom Wasserwerk abgegebenen Trinkwasser liegt in Deutschland in der Regel im untersten mg/L-Bereich. Kontaminationen im Trinkwasser können von Cadmiumsverunreinigungen in verzinkten Rohren oder von cadmiumhaltigen Lötstellen unter anderem in Wasserboilern und Entnahmevorrichtungen herrühren.

Der Grenzwert in der Trinkwasserverordnung beträgt 0,005 mg/L einschließlich der bei der Stagnation von Wasser in Rohren aufgenommenen Cadmiumsverbindungen.

6.2.14. Calcitlösekapazität

Die Calcitlösekapazität ist ein Maß für die Korrosivität eines Wassers. Sie wird nicht direkt gemessen, sondern aus einer Reihe anderer Parameter wie pH-Wert, Calcium, Magnesium, Sulfat, Säurekapazität, Temperatur und elektrischer Leitfähigkeit berechnet.

Hinsichtlich der Grenzwerte in der Trinkwasserverordnung gilt: Die berechnete Calcitlösekapazität am Ausgang des Wasserwerks darf 5 mg/L $CaCO_3$ nicht überschreiten. Diese Forderung gilt als erfüllt, Wenn der pH-Wert am Wasserwerksausgang bei 7,7 oder höher liegt. Bei der Mischung von Wasser aus zwei oder mehr Wasserwerken darf die Calcitlösekapazität im Verteilungsnetz den Wert von 10 mg/L nicht überschreiten (siehe auch pH-Wert)..

6.2.15. Calcium

Siehe Härte.

6.2.16. Chlor

Chlor ist das klassische Desinfektionsmittel in der Trinkwasseraufbereitung. Es wird in der Regel entweder in Form von Chlorgas oder Natriumhypochlorit (Chlorbleichlauge) dem zu desinfizierenden Wasser zudosiert. Damit es in ausreichender Form wirkt, muss eine bestimmte Mindestmenge dazugegeben werden und es muss eine ausreichende Einwirkungszeit haben. Weiterhin darf eine Höchstgrenze nicht überschritten werden, um die nachteiligen Folgen wie die Bildung von Desinfektionsmittelnebenprodukten (z. B. Trihalogenmethane) und Geruchsbelästigungen zu minimieren.

Im Verordnungstext der Trinkwasserverordnung selbst ist kein Chlorgrenzwert angegeben. Der untere Mindestgrenzwert von 0,1 mg/L (als frei wirksames Chlor) und der obere Grenzwert von 0,3 mg/L ist in einer Liste im Bundesgesundheitsblatt enthalten, die vom Umweltbundesamt geführt und fortgeschrieben wird. In besonderen Ausnahmefällen, wenn die Desinfektion anders nicht gewährleistet werden kann oder wenn sie zeitweise durch Ammonium beeinträchtigt wird, dürfen bis zu 0,6 mg/L frei wirksames Chlor zugegeben werden.

6.2.17. Chlordioxid

Chlordioxid hat gegenüber dem Chlor als Desinfektionsmittel einige Vorteile. Es erfolgt keine Trihalogenmethanbildung und evtl. Geruchsbelästigungen fallen wesentlich geringer aus. Es kann sogar einige Geruchs- oder Geschmacksstoffe so verändern, das sie organoleptisch anschließend nicht mehr wahrgenommen werden. Allerdings ist die Anwendung aufwändig er. Chlordioxid muss vor Ort aus Chlorgas und Natriumchlorit oder aus Salzsäure und Natriumchlorit hergestellt werden.

Im Verordnungstext der Trinkwasserverordnung ist kein Chlordioxidgrenzwert angegeben. Der untere Mindestgrenzwert von 0,05 mg/L und der obere Grenzwert von 0,2 mg/L ist in einer Liste im Bundesgesundheitsblatt enthalten, die vom Umweltbundesamt geführt und fortgeschrieben wird.

6.2.18. Chlorid

Chlorid ist Bestandteil des allgemein bekannten Kochsalzes (Natriumchlorid). Erhöhte Chloridgehalte im Trinkwasser sind in der Regel nicht gesundheitsschädlich. Sie können sich aber je nach dem Gehalt anderer Wasserinhaltsstoffe geschmacklich sehr stark auswirken. Ein salziger Geschmack tritt bei Natriumchlorid etwa um 280 mg/L Chlorid, bei Calciumchlorid etwa bei 245 mg/L Chlorid und bei Magnesiumchlorid sogar schon etwa bei 35 mg/L Chlorid auf.

Von weiterer Bedeutung ist das Chlorid für das Korrosionsverhalten eines Trinkwassers. Da hier aber viele andere Faktoren ebenfalls eine Rolle spielen, sind genauere Konzentrationsangaben nicht möglich. Es sind aber schon Fälle beobachtet worden, wo es bei Chloridkonzentrationen zwischen 150 mg/L und 200 mg/L Chlorid zu Korrosionserscheinungen gekommen ist. Siehe hierzu auch die Hinweise zur Korrosion von Edelstahl weiter oben. In bestimmten Fällen kann Chlorid ein Indikator für die Salzbelastung eines Grundwassers sein und eventuell einen Hinweis auf Abwasser- oder Streusalzeinflüsse geben. Unbelastete Grundwässer weisen häufig Chloridgehalte von weniger als 20 bis 30 mg/L auf.

In der Trinkwasserverordnung beträgt der Grenzwert 250 mg/L, wobei das Wasser nicht korrosiv wirken sollte.

6.2.19. Chrom

Chrom gehört zu den häufigsten Elementen in der Natur und kommt fast nur in Verbindungen vor. Für den Menschen stellt Chrom ein essenzielles Spurenelement dar, wobei der Tagesbedarf etwa 0,05 mg beträgt. Das Chrom liegt überwiegend als Chrom (III) vor, während Chrom (VI) nur einen geringen Teil am Gesamtchrom ausmacht.

Während gesundheitliche Schäden durch Chrom (III) nicht bekannt sind, wird Chrom (VI) als toxisch betrachtet, wobei die Giftwirkung des sechswertigen Chroms etwa hundertmal stärker ist als die des dreiwertigen. Die Bewertung der chronischen oralen Toxizität und des krebserregenden Potenzials des Chroms (VI) ist strittig, da das Chrom (VI) nach der Aufnahme bereits im Speichel, in der Lungenflüssigkeit, in der Magensäure und den Hautzellen oder spätestens im Blut zum größten Teil in das nicht krebserregende Chrom (III) umgewandelt wird.

Chrom wird sehr häufig zur Veredelung von Trinkwasserarmaturen verwendet. Hier kann es bei Standzeiten von mehr als 30 Minuten zum Herauslösen von Nickel aus den verchromten Armaturen kommen. Bei empfindlichen Personen beobachtet man mitunter Hautreaktionen siehe auch die Hinweise beim Nickel.

Der Grenzwert in der Trinkwasserverordnung beträgt 0,05 mg/L. Zur Bestimmung wird die Konzentration von Chromat auf Chrom umgerechnet.

6.2.20. Cyanid

Normalerweise ist im Trinkwasser nicht mit Cyanid zu rechnen. Die Salze der Blausäure werden in vielen industriellen Prozessen verwendet, wie zum Beispiel zur Produktion von Stahl zum Galvanisieren und bei der Cyanidlaugerei (Gold- und Silbergewinnungsverfahren). Sie fallen als unerwünschte Nebenprodukte zum Beispiel bei der Verkokung von Steinkohle oder bei der Verhüttung von Eisenerz im Hochofen an. Durch einige dieser Prozesse können Luft und Wasser kontaminiert werden.

Da Cyanid eine starke Giftwirkung auf Fische und Plankton ausüben kann, wird es zu den stark wassergefährdenden Stoffen gerechnet. In normalen pH-Bereichen unter pH 8 kommt Cyanid bis auf einen vernachlässigbar kleinen Cyanidgehalt als Cyanwasserstoffsäure (HCN) vor. Beim Menschen führt eine zu hohe orale Aufnahme zu einer Blockierung der Veratmung des Sauerstoffs und damit zum inneren Erstickungstod. Bei chronischen Vergiftungserscheinungen sind Schädigungen des zentralen Nervensystems, Schilddrüsenfunktionsstörungen, Reproduktionsschäden und toxische Wirkungen auf Niere und Nebenniere von Belang.

Die Trinkwasserverordnung nennt einen Grenzwert von 0,05 mg/L.

6.2.21. 1,2-Dichlorethan

Bei der Auswahl von Vertretern der Stoffgruppe der sogenannten chlorierten Kohlenwasserstoffe hat es im Vergleich zur alten Trinkwasserverordnung in der neuen Trinkwasserverordnung erhebliche Veränderungen gegeben. Aus der Gruppe der organischen Chlorverbindungen sind drei Substanzen gestrichen worden. Hintergrund ist neben der toxikologischen auch eine neue Bewertung einer möglichen Trinkwasserrelevanz der entsprechenden Verbindungen. Eine der neu hinzugekommen Verbindungen ist das 1,2-Dichlorethan.

Bei vielen organischen Chlorverbindungen besteht ein Verdacht auf krebserregende Eigenschaften. Daher ist beabsichtigt, durch entsprechende Trinkwassergrenzwerte eine möglichst geringe Belastung und einen sorgfältigen Umgang mit diesen Stoffen zu erreichen. 1,2-Dichlorethan wird diesbezüglich als gefährdend eingestuft.

Der Grenzwert in der Trinkwasserverordnung beträgt 0,003 mg/L.

6.2.22. Eisen

Nach dem Sauerstoff, dem Silicium und dem Aluminium hat das Eisen seiner Masse nach den größten Anteil am Aufbau der Erdkruste. Je nach den Milieubedingungen im Grundwasser kommt Eisen in kaum nachweisbaren Konzentrationen bis zu Gehalten von vielen mg/L vor.

Eisen ist im Trinkwasser zwar nicht gesundheitsgefährdend, hat aber allgemein unangenehme Auswirkungen (z. B. Verfärbung bzw. Trübung des Wassers, Wäscheflecken, Ausfällungen, Ablagerungen und Rohrverengungen unter Mitwirkung von Eisenbakterien, Brunnenverockerungen, Rostbildung, Wiederverkeimungsgefahr im Rohrnetz). Schon Eisengehalte von 0,2 bis 0,3 mg/L machen sich durch einen metallischen, adstringierenden oder sogar tintigen Geschmack bemerkbar. Aus diesen Gründen ist eine Enteisenung entsprechender Wässer eine der wichtigsten Aufgaben der Trinkwasseraufbereitung, auch wenn Eisen ein essenzielles Element für den menschlichen Organismus darstellt.

In der Trinkwasserverordnung ist ein Grenzwert von 0,2 mg/L angegeben.

6.2.23. Elektrische Leitfähigkeit

Die Leitfähigkeit eines Wassers steht im Zusammenhang mit dem Gehalt an Ionen und anorganischen Wasserinhaltsstoffen. Sie stellt einen Summenparameter dar, der bis zu einem gewissen Grad eine annähernde Aussage zur Gesamtmineralisation eines Wassers zulässt. Gering mineralisierte Wässer aus silicatreichen bzw. carbonat- und sulfatarmen Gesteinen weisen meist eine Leitfähigkeit' von 50 - 250 µS/cm auf. Wässer carbonatreicher Gesteine liegen bei etwa 350 - 600 µS/cm, sog. Gipswässer bei etwa 900 - 2.500 µS/cm.

Während Schadstoffe durch die Leitfähigkeit nur in sehr seltenen Ausnahmefällen angezeigt werden, gibt die Leitfähigkeit in der regelmäßigen Trinkwasserkontrolle einen guten Überblick über bestimmte Mischwasserverhältnisse und über Schwankungen und Veränderungen der Wasserzusammensetzung, die auf anorganische Wasserinhaltsstoffe (Salze aller Art) zurückzuführen sind. Treten merkliche Veränderungen auf, können diese meist zuerst durch die Veränderung der Leitfähigkeit festgestellt werden. Die Leitfähigkeitsmessung kann aber keine zusätzlichen Untersuchungen ersetzen. Wer sich jedoch mit der vergleichenden Leitfähigkeitsmessung auskennt, kann mit diesen Messwerten relativ viel anfangen.

Zwischen der elektrischen Leitfähigkeit und dem Mineralstoffgehalt eines Wassers besteht ein gewisser Zusammenhang. Dieser lässt sich grob überschlägig durch folgende Formeln berechnen:

1. Mineralstoffgehalt in mg/L= Elektrische Leitfähigkeit bei 25°C in µS/cm*0,925 (bei Carbonat-Wässern)

2. Mineralstoffgehalt in mg/L= Elektrische Leitfähigkeit bei 25°C in µS/cm*0,95 (bei Gips- bzw. Sulfat-Wässern)

Wer hier allerdings genauere Angaben benötigt, sollte sich an einen Fachmann wenden, da aufgrund der Abweichungen möglicherweise erhebliche Fehleinschätzungen vorkommen können.

Der Trinkwassergrenzwert beträgt 2500 µS/cm bei 20 °C. Weiterhin wird verlangt, dass das Wasser nicht korrosiv wirken sollte. Früher wurde die elektrische Leitfähigkeit bei einer Temperatur von 25°C angegeben. Will man die früheren Messwerte mit denen nach der neuen Trinkwasserverordnung vergleichen, so muss man die früheren Messwerte bei 25 °C durch 1,12 dividieren, um die bei 20 °C zu erhalten.

6.2.24. Epichlorhydrin

Epichlorhydrin dient als Monomer zur Herstellung von Epoxidharzen. Epoxidharze werden zur werkseitigen Beschichtung von Behältern und Rohrleitungen aus Metall eingesetzt. Auch bei der baustellenseitigen Sanierung von Rohrleitungen finden Epoxidharze zum Verkleben eingebrachter Kunststoffschläuche oder als Beschichtungsmaterial Anwendung.

Epichlorhydrin braucht im Trinkwasser nicht untersucht zu werden. Bei der KTW-Prüfung von Epoxidharzmaterialien für den Trinkwasserbereich entsprechend der Leitlinie des Umweltbundesamtes muss es jedoch untersucht werden. Dabei wird geprüft, ob die verwendeten Epoxidharze ein mikrobielles Wachstum oder Geruchs- und Geschmacksbeeinträchtigungen mit sich bringen. Hier kommt es in jüngster Zeit bei der Innensanierung von metallischen Rohren in der Hausinstallation immer wieder zu Streitigkeiten wegen der Zulassung dieser Beschichtungen im Trinkwasserbereich, die auch die Gerichte beschäftigen.

Der Trinkwassergrenzwert beträgt 0,0001 mg/L. Dieser Grenzwert bezieht sich auf die Restmonomerkonzentration im Wasser, berechnet aufgrund der maximalen Freisetzung nach den Spezifikationen des entsprechenden Polymers und der angewandten Polymerdosis.

6.2.25. Färbung

Die Färbung bezieht sich in der Trinkwasserverordnung auf den spektralen Absorptionskoeffizienten bei 436 nm (Angabe der Wellenlänge des entsprechenden Lichtes). Eine Färbung kann bei Trinkwässern sowohl auf Abwässer als auch auf natürliche Inhaltsstoffe (z. B. Huminstoffe) hindeuten. Die bei 436 nm liegenden Gelbfärbungen des Trinkwassers lassen sich mit dem menschlichen Auge bei mehreren Zentimetern Schichtdicke erfahrungsgemäß ab Messwerten von etwa 2 m^{-1} erkennen. Huminstoffhaltige Wässer mit einer Färbung (spektraler Absorptionskoeffizient) von 2 bis 5 m^{-1} erscheinen schon deutlich gelbbraun gefärbt. Abwasser mit Messwerten von über 5 m^{-1} weisen einen kräftig gelbbraunen Farbton auf.

Häufig besteht in der Praxis ein Zusammenhang zwischen dem gelösten organisch gebundenen Kohlenstoff und der Färbung des Wassers.

In der Trinkwasserverordnung werden 0,5 m^{-1} als Grenzwert für die Färbung (spektraler Absorptionskoeffizient bei 436 nm) festgelegt. Die Bestimmung des spektralen Absorptionskoeffizienten ist mit dem Spektralfotometer oder dem Filterfotometer durchzuführen.

6.2.26. Fluorid

Fluorid ist in seinen Verbindungen in der Natur weit verbreitet. Es ist daher in allen Wässern - wenn auch in sehr unterschiedlichen Konzentrationen - zu finden. Allerdings sind Gehalte von über 0,5 mg/L in Grundwässern relativ selten.

Fluorid ist seit geraumer Zeit wegen seiner kariesmindernden Wirkung in der Diskussion. In verschiedenen Staaten werden auch Trinkwasserfluoridierungen zur Kariesprophylaxe versuchsweise oder dauernd angewandt. Dies wird in Deutschland aus verschiedenen Gründen aber abgelehnt. Dabei ist der Grundsatz, Zusätze zum Trinkwasser so weit als möglich zu unterbinden, an erster Stelle von Bedeutung. Zu hohe Fluoridgehalte im Trinkwasser sollen das Auftreten von weiß bis gelblich-braun gesprenkelten Zähnen während der Schmelzbildung bewirkt haben.

Der Grenzwert in der Trinkwasserverordnung beträgt 1,5 mg/L.

6.2.27. Geruchschwellenwert

Ein eventueller Geruch kann nicht nur die Güte und Appetitlichkeit des Trinkwassers beeinträchtigen, sondern unter Umständen auch auf eine Trinkwasserverunreinigung hindeuten. Geruchsbildende Stoffe natürlichen Ursprungs sind beispielsweise Schwefelwasserstoff, Huminstoffe und Eisen. Durch menschliche Einflüsse verursachte geruchsbildende Stoffe können zum Beispiel Phenole, Mineralölprodukte, ein erhöhter Kochsalzgehalt, Kaliablaugen, Chlor und Lösemittel sein.

Da es sich beim Geruch um eine Sinneswahrnehmung handelt, ist diese bei verschiedenen Personen verschieden stark ausgeprägt. Dabei spielen die persönlichen Erfahrungen und Erwartungen des Einzelnen eine sehr große Rolle. Der Geruchssinn empfindlicher Personen ist manchmal in der Lage, Stoffe wahrzunehmen, die in dieser Konzentration analytisch noch nicht erfassbar sind. Aufgrund verschiedener chemisch-physikalischer Vorgänge ist der Geruch von der Wassertemperatur abhängig. Für die Messung des Geruchsschwellenwertes wurden deshalb auch zwei Messtemperaturen festgelegt (12 °C und 25 °C). Manchmal gibt es auch Fälle, in denen ein Geruch des Trinkwassers erst bei noch höheren Temperaturen wahrgenommen wird. Der Geruchsschwellenwert für geruchsfreies Wasser ist 1. Für einen normal empfindenden Menschen ist ein unangenehmer Geruch auf jeden Fall ein Warnhinweis und wird ihn vom Genuss eines Wassers oder eines anderen Lebensmittels abhalten.

Bei gechlortem Wasser schreibt die DIN-Vorschrift vor, dass die Probe vor der Analyse mit Natriumthiosulfat versetzt werden muss. Dabei wird das Chlor unwirksam gemacht. Dann kann es dazu kommen, dass die Verbraucher einen deutlichen Chlorgeruch wahrnehmen, in der offiziellen Analyse dieses Wassers aber kein Geruch angegeben wird. Über den Sinn dieser Vorschrift kann man sicherlich unterschiedlicher Meinung sein.

In der Trinkwasserverordnung gelten folgende Grenzwerte für den Geruchsschwellenwert: 2 bei 12 °C und 3 bei 25°C. Da die Bestimmung des Geruchsschwellenwertes mit dem Geruchssinn des Menschen durchgeführt wird, ist sie auf jeden Fall subjektiv. Dennoch ist eine solche subjektive Bestimmung oft besser als gar keine, auch wenn dies anschließend zu Diskussionen führen sollte.

6.2.28. Gesamt organisch gebundener Kohlenstoff (TOC)

Der gesamte organisch gebundene Kohlenstoff (TOC) ist ein allgemeiner Summenparameter für die Belastung eines Wassers mit organischen Stoffen. Hierzu gehören alle gelösten und nicht gelösten organischen Kohlenstoffverbindungen, nicht jedoch die Kohlensäure und ihre Salze. Als Summenparameter sagt er nichts über die gesundheitliche Relevanz der erfassten Stoffe aus. Er kann sowohl Hinweise auf vom Menschen eingetragene Schadstoffe als auch auf geogen bedingte Substanzen wie Huminstoffe (z. B. in Moorwässern) geben. In Trinkwasseraufbereitungsanlagen können die Messwerte eine Aussage zur Wirksamkeit der Anlage machen. Erhöhte Gehalte sollten auf jeden Fall Anlass für genauere Untersuchungen sein.

In unbelasteten Trinkwässern liegen die TOC-Gehalte meist unter 0,5 mg/L. Sie können aber auch durchaus auf bis zu 2 mg/L ansteigen. Erhöhte TOC-Gehalte sind im Trinkwasser unerwünscht, da sie zu einem vermehrten Mikroorganismenwachstum führen können oder für die verstärkte Bildung von Nebenprodukten bei der Trinkwasserdesinfektion (z. B. Trihalogenmethane) verantwortlich sein können.

In der Trinkwasserverordnung ist kein Zahlenwert als Grenzwert angegeben. Es dürfen aber keine anormalen Veränderungen auftreten. Für die Bewertung metallischer Werkstoffe in der Hausinstallation nach DIN 50930 Teil 6 ist der TOC aber von Bedeutung (siehe auch Kapitel 3.3.4.).

6.2.29. Gesamtrichtdosis

Bei der Gesamtrichtdosis sind alle natürlichen und künstlichen radioaktiven Stoffe zu berücksichtigen, die über das Trinkwasser aufgenommen werden können.

In der Trinkwasserverordnung ist ein Grenzwert von 0,1 mSv/a festgelegt, wobei die Handhabung der Kontrolle dieses Grenzwertes erst zu einem späteren Zeitpunkt festgelegt werden soll. Es muss also davon ausgegangen werden, dass diesbezügliche Messungen bzw. Berechnungen kaum durchgeführt werden.

6.2.30. Geschmack

Ähnlich wie der Geruch ist auch der Geschmack eine Sinneswahrnehmung des Menschen. Die Anforderung, dass der Geschmack für den Verbraucher annehmbar und ohne anormale Veränderung sein soll, ist so weit gefasst, dass sie nur sehr schwer prüfbar sein wird. Es wird nur sehr schwer nachvollziehbar sein, ob und wann der Grenzwert eingehalten oder überschritten wird. Der Bezug auf den Verbraucher als den Entscheidungsträger verhindert eine objektivierte Beurteilung durch ein entsprechend geschultes Personal eines Laboratoriums. Verbraucherreaktionen bei entsprechenden Meldungen in den Medien sind zu erwarten.

Ein zahlenmäßiger Grenzwert ist in der Trinkwasserverordnung nicht angegeben. Es heißt lediglich: „für den Verbraucher annehmbar und ohne anormale Veränderung".

6.2.31. Härte (Calcium und Magnesium)

Der Gehalt eines Wassers an Calcium- und Magnesium-Ionen wird als Gesamthärte oder einfach als Härte bezeichnet. In Analysenberichten zum Wasser kann man hierzu auch den Begriff „Summe der Erdalkalien" lesen. Die Härte eines Wassers ist sehr stark davon abhängig, aus welchem geologischen Untergrund es stammt und wie lange das Wasser Zeit hatte, Mineralien aus dem Untergrund aufzunehmen. In Gegenden mit Granit, Gneis oder Sandstein ist das Wasser meist sehr weich. In Gegenden mit Kalk- oder Gipsuntergrund kann das Wasser sehr hart sein.

Durch die fortgeschrittene Technisierung in den Haushalten wird ein großer Teil des Trinkwassers für Zwecke genutzt, für die eine zu große Härte von Nachteil ist. So kann es beim Erwärmen eines harten Wassers zu Kalkablagerungen und zur Bildung des sogenannten „Kesselsteins" kommen. Hält man die Warmwassertemperaturen unter 60 °C, so ist dieses Problem deutlich geringer. Aus hygienischen Gründen sind jedoch deutlich höhere Temperaturen erwünscht (siehe z. B. die Legionellen-Problematik). Sind die im Haushalt verwendeten Wässer weicher, so kommt man auch mit weniger Waschmitteln aus. Nach dem Waschmittelgesetz sind die Wasserversorgungsunternehmen verpflichtet, die Wasserhärte wenigstens einmal pro Jahr in Form des Härtebereiches zu veröffentlichen. Ist das Wasser weicher, werden auch weniger Seife und Salz für die Regenerierung von Ionenaustauschern (z. B. in Spülmaschinen) benötigt. Bei steigender

Härte des Wassers führen diese Stoffe auch zu einer steigenden Belastung des Abwassers.

Bekanntlich leidet das Aroma von Kaffee, Tee und Kakao bei zu hoher Wasserhärte. Beim schwarzen Tee fallen die Gerbstoffe z. T. als Kalksalze aus. Weiterhin ist störend, dass Hülsenfrüchte beim Kochen in hartem Wasser nicht weich werden, weil die Pektinstoffe der Zellwände mit Calcium unlösliche Verbindungen eingehen. Verdaulichkeit und Ausnutzung der Nahrung werden hierdurch nicht beeinflusst, da die Hülsen zerkaut werden oder beim Kochen platzen.

Zur Zubereitung des Kaffees eignet sich am besten ein Wasser mit 8 - 10 °dH (z. B. Bodenseewasser). Bei weicherem Wasser tritt die Säure des Kaffees zu stark hervor. Es empfiehlt sich dann ein Zusatz von etwas Kochsalz. Bei zu hoher Härte bilden die Calcium- und Magnesium-Ionen des Wassers mit Chlorogensäure Niederschläge oder Häutchen. Hier empfiehlt sich eine Enthärtung durch Zugabe von Natriumhydrogencarbonat. Gelegentlich kann bei Zusatz von Milch eine Gerinnung eintreten, bei der das Casein der Milch ausflockt, insbesondere bei niedrigen pH-Werten, hoher Konzentration an Calciumionen und hohen Temperaturen. Zur Entwicklung seines Aromas braucht Tee besonders weiches Wasser, möglichst unter 12 °dH. Wasser mit über 22 °dH gilt als ungeeignet.

Nach dem Verhalten des Wassers beim Kochen unterteilt man die Gesamthärte in die für den Verbraucher wichtigere Carbonathärte (auch temporäre Härte genannt) und die Nicht-Carbonathärte (auch permanente Härte genannt). Beim Kochen reagieren nur die Hydrogencarbonate des Calciums und Magnesiums zu schwerlöslichen Carbonaten, die als „Kesselstein“ ausgeschieden werden.

Kalkablagerungen bilden sich normalerweise im Heißwasserbereich, wenn Wasser auf über 60 °C erhitzt wird. Warmwasserleitungen, Duschen, insbesondere aber Heißwassergeräte wie Kaffeemaschinen und Wasserkessel (daher das Wort „Kesselstein") können verkalken und sich evtl. zusetzen oder sogar zerstört werden. Im Kaltwasserbereich kommt es dagegen nur bei sehr harten Wässern und in Sonderfällen zu Kalkabscheidungen.

Diese Bildung von Kalkablagerungen kann durch Ionenaustauscher und/oder Dosiergeräte vermindert werden. Eine Beeinflussung der Härtebildner des Wassers ist nach Ansicht der Deutschen Vereinigung des Gas- und Wasserfachs (DVGW) für die Härtebereiche 1 und 2 unnötig, für den Härtebereich 3 unrentabel und erst für den Härtebereich 4 sowohl notwendig als auch rentabel.

Aufgrund der technisch nachteiligen und sonstigen Eigenschaften härteren Wassers sind viele Verbraucher bestrebt, ein weicheres Wasser zu erhalten, auch wenn härteres Wasser in gesundheitlicher Hinsicht in der Regel nicht schädlich ist und sogar noch die wichtigen Mineralien Calcium und Magnesium enthält. Entweder installieren die Verbraucher in den Haushalten Trinkwassernachbehandlungsanlagen oder sie versuchen, die Wasserversorgungsunternehmen dazu zu bewegen, zentrale Enthärtungsanlagen zu bauen.

Generell empfiehlt sich die Prüfung einer zentralen Enthärtung ab etwa 21°dH. Sind bereits die baulichen Voraussetzungen für andere Aufbereitungsverfahren vorhanden, so kann eine zentrale Enthärtung auch schon ab etwa 17°dH sinnvoll sein. Der mit einer zentralen Enthärtung verbundene Aufwand lohnt meist nur dann, wenn die Enthärtung wenigstens um 5,6 °dH verringert wird. Es gibt aber auch Ausnahmefälle, in denen sich bereits eine geringere Enthärtung lohnt. Die Thematik ist allerdings so komplex, dass derartige Prüfungen nur von Fachleuten durchgeführt werden sollten.

Härtetabelle

<table>
<tr><th colspan="2">alt (bis 29. April 2007)</th><th colspan="3">neu (ab 30. April 2007)</th></tr>
<tr><th>Härteber.</th><th>°dH</th><th>Härteber.</th><th>$CaCO_3$ (mmol/L)</th><th>°dH</th></tr>
<tr><td>1</td><td>0 – 7,3</td><td>weich</td><td>unter 1,5</td><td>unter 8,4</td></tr>
<tr><td>2</td><td>7,3 – 14,0</td><td>mittel</td><td>1,5 – 2,5</td><td>8,4 - 14</td></tr>
<tr><td>3</td><td>14,0 – 21,3</td><td rowspan="2">hart</td><td rowspan="2">über 2,5</td><td rowspan="2">über 14</td></tr>
<tr><td>4</td><td>über 21,3</td></tr>
</table>

Tabelle: Härtebereich, Calciumcarbonat ($CaCO_3$) und Grad deutscher Härte im Vergleich

Für die Härte selbst gibt es keinen Grenzwert in der Trinkwasserverordnung. Aber nach § 14 Abs. 1 muss das Trinkwasser, von dem mehr als 1.000 m³ pro Jahr an Anschlussnehmer abgegeben wird, wenigstens einmal pro Jahr, und von dem weniger als 1.000 m³ pro Jahr an Anschlussnehmer abgegeben wird, wenigstens alle drei Jahre einmal auf die Härtebildner Calcium und Magnesium untersucht werden. Für die Bewertung metallischer Werkstoffe in der Hausinstallation nach DIN 50930 Teil 6 ist der Calciumgehalt von Bedeutung (siehe auch Kapitel 3.3.4.).

6.2.32. Kalium

Kalium kommt praktisch in allen Wässern vor. Auf der einen Seite ist es ein wichtiges Element für den menschlichen Körper (Kaliummangel bewirkt Appetitverlust, Muskelschwäche und Herzrhythmusstörungen), auf der anderen Seite kann Kaliumüberschuss zu Muskelkrämpfen führen. In der Trinkwasseraufbereitung finden einige Kaliumsalze Verwendung.

Erhöhte Kaliumgehalte, die nicht geogen bedingt sind, deuten häufig auf eine Beeinflussung durch Kaliabwässer hin. Ist der Kaliumgehalt höher als der Natriumgehalt, könnte eine fäkale Verunreinigung die Ursache sein.

Die Trinkwasserverordnung gibt keinen Grenzwert an. Aber nach § 14 Abs. 1 muss das Trinkwasser, von dem mehr als

1.000 m³ pro Jahr an Anschlussnehmer abgegeben wird, wenigstens einmal pro Jahr, und von dem weniger als 1.000 m³ pro Jahr an Anschlussnehmer abgegeben wird, wenigstens alle drei Jahre einmal untersucht werden.

6.2.33. Kupfer

Kupfer kommt natürlicherweise nur in geringen Mengen im Wasser vor. Erhöhte Kupfergehalte beruhen nahezu ausschließlich auf der Verwendung von Kupferrohren in der Hausinstallation.

Einerseits ist Kupfer ein essenzielles Spurenelement für den Menschen, andererseits kann es erhebliche gesundheitliche Störungen hervorrufen. Ein erhöhter Kupfergehalt macht sich bereits geschmacklich bemerkbar. Bei mehr als 3 mg/L kann es kurzfristig auch zu Magen-/Darmbeschwerden kommen. Für Kleinkinder kann schon ein Kupfergehalt von 0,8 mg/L unverträglich sein. Ab 1 mg/L kann es zusätzlich zur Fleckenbildung auf der Wäsche durch Ablagerung von Kupferverbindungen (häufig grünliche Kupferpatina) kommen. Höhere Werte, vor allem über 5 mg/L, verursachen eine Färbung des Wassers und einen Bittergeschmack.

In der Trinkwasserverordnung ist ein Grenzwert von 2 mg/L genannt. Grundlage ist eine für die durchschnittliche wöchentliche Wasseraufnahme durch Verbraucher repräsentative Probe. Hierfür soll nach der Trinkwasserrichtlinie ein harmonisiertes Verfahren festgesetzt werden. Die Untersuchung im Rahmen der Überwachung nach § 19 Abs. 7 ist nur dann erforderlich, wenn der pH-Wert im Versorgungsgebiet kleiner als 7,4 ist. Für Kupfer in den Hausinstallationen gibt es hinsichtlich der Probenahme und der Bewertung vom Umweltbundesamt besondere Empfehlungen, die je nach Fragestellung auch berücksichtigt werden sollten.

Kommen in einem bestimmten Versorgungsgebiet flächendeckend stark erhöhte Kupfergehalte, z. B. in harten, sauren Trinkwässern mit einem hohen Gehalt an natürlichen organischen Wasserinhaltsstoffen und nicht – oder nicht mehr normgerechten alten Kupferinstallationen, vor, so kann durch eine Teilenthärtung eine Minderung der Kupferprobleme bringen. In solchen Fällen ist es empfehlenswert, mit dem Gesundheitsamt Kontakt aufzunehmen, da es ab einer Mindestzahl betroffener Haushalte sinnvoll sein kann, zusammen mit dem örtlichen Wasserversorgungsunternehmen eine Verbraucherfreundliche Lösung zu finden.

Abb. 17: Kupferrohr mit Schutzschicht

6.2.34. Magnesium

Siehe Härte.

6.2.35. Mangan

Mangan ist in der Natur häufig mit dem Eisen vergesellschaftet, wobei fast überall der Mangangehalt niedriger ist als der Eisengehalt. Mangan ist relativ ungiftig und ein wichtiges Element für den menschlichen Organismus. Manganmangel ist häufiger die Ursache von Erkrankungen als eine Manganvergiftung.

Das Vorkommen von Mangan im Trinkwasser ist zwar gesundheitlich unbedenklich, jedoch beeinträchtigt es das Trinkwasser in ähnlicher Form wie das Eisen. Es verschlechtert den Geschmack ab etwa 0,5 mg/L, verursacht Flecken auf der Wäsche, bildet Trübungen und führt zu Ausfällungen (Verockerung) in Rohrleitungen oder Trinkwasseraufbereitungsanlagen. Grenzwerte im Trinkwasser sind dementsprechend nicht wegen seiner gesundheitlichen Bedeutung sondern wegen seiner Störungen erforderlich.

Als Grenzwert wurden in der Trinkwasserverordnung 0,05 mg/1 festgelegt. Geogen bedingte Überschreitungen bleiben bei Anlagen mit einer Abgabe von bis zu 1.000 m³ im Jahr bis zu einem Grenzwert von 0,2 mg/L außer Betracht.

6.2.36. Natrium

Natrium kommt praktisch in allen Wässern vor, da Natriumsalze eine hohe Wasserlöslichkeit besitzen. In anthropogen bzw. industriell beeinflussten Oberflächenwässern ist häufig mit erhöhten Natriumgehalten zu rechnen.

Dem Natrium, welches normalerweise vom Menschen hauptsächlich als Kochsalz aufgenommen wird, schreibt man verschiedene Krankheitssymptome zu (Bluthochdruck, Ödeme, Nierenerkrankungen). Geschmacklich macht sich Natrium in Abhängigkeit von anderen Trinkwasserinhaltsstoffen und der Wassertemperatur durchschnittlich ab etwa 200 mg/L bemerkbar, wobei allerdings auch deutlich niedrigere Geschmacksschwellenkonzentrationen auftreten können.

In der Trinkwasserverordnung ist ein Grenzwert von 200 mg/L angegeben.

6.2.37. Nickel

Nickel wird aus verschiedenen Mineralien gewonnen und als Reinmetall oder für Legierungen genutzt. Bekannte Anwendungen sind die Galvanotechnik, Nickel-Cadmium-Akkumulatoren, Nickelpigmente für Farben, Lacke und Kunststoffe sowie Nickel als Hydrierungskatalysator in der Lebensmittelindustrie bei der Speisefett- und Speiseölherstellung.

Die natürlichen Nickelgehalte in Gewässern und Grundwässern sind gering. Die gesundheitliche Bewertung von Nickel im Trinkwasser ist derzeit noch problematisch. Einerseits deuten Untersuchungen auf seinen Charakter als essenzielles Spurenelement hin, andererseits wird vielfach auf seine Toxizität - insbesondere seine Cancerogenität - hingewiesen, die vor allem beim Umgang mit Nickelverbindungen oder beim Einatmen von Nickelstäuben bzw. Nickelcarbonyldämpfen im industriellen Bereich bekannt wurden. Beziehungen zwischen einer oralen Nickelaufnahme und Krebserkrankungen ergaben sich bisher nicht.

Nickel kann aber auch aus verchromten Armaturen (Wasserhähne usw.) herausgelöst werden. Deshalb sollte Trinkwasser, das länger als 30 Minuten in verchromten Armaturen gestanden hat (die betreffende Menge beträgt meistens bis zu einem viertel Liter), nicht von Personen, die empfindlich auf Nickel reagieren, zum Zubereiten von Getränken und Suppen, zum Händewaschen oder zur sonstigen Körperpflege verwendet werden. Solches Wasser kann viel Nickel enthalten und bei den genannten Personen (in Deutschland etwa ein Sechstel der Bevölkerung) zu Hautreaktionen führen.

Die Trinkwasserverordnung nennt für Nickel einen Grenzwert von 0,02 mg/L. Grundlage ist eine für die durchschnittliche wöchentliche Wasseraufnahme durch Verbraucher repräsentative Probe. Hierfür soll nach der Trinkwasserrichtlinie ein harmonisiertes Verfahren festgesetzt werden. Für

Nickel in den Hausinstallationen gibt es hinsichtlich der Probenahme und der Bewertung vom Umweltbundesamt besondere Empfehlungen, die je nach Fragestellung auch berücksichtigt werden sollten.

6.2.38. Nitrat

Der Nitratgehalt unbelasteten Grundwassers liegt meist unter 10 - 15 mg/L. Ursachen für hohe Nitratgehalte im Grundwasser sind Störungen einer ausgeglichenen Stickstoffdynamik im Boden durch Bevorzugung des Nitrifikationsprozesses, eine nicht ausreichende Aufnahme des im Boden vorhandenen oder gebildeten Nitrats durch die Pflanzen oder ein zu hoher Stickstoff- bzw. Nitrat-Eintrag in den Boden.

Nitrat selbst ist auch in höheren Konzentrationen nicht toxisch. Die Gefahr wird in der mikrobiologischen Reduktion zum Nitrit im Körper gesehen. Bei Säuglingen kann Nitrit durch Resorption im oberen Darmabschnitt in die Blutbahn gelangen und eine Methämoglobinämie hervorrufen. Es kommt dann zu inneren Erstickungserscheinungen (Blausucht). Diese Gefahr besteht beim Erwachsenen kaum. Dafür wird bei ihm eine mögliche Bildung von N-Nitrosoverbindungen kritisch beurteilt, zumal diese Verbindungen im Tierversuch cancerogene, teratogene und mutagene Wirkungen gezeigt haben.

In der Trinkwasserverordnung wurde ein Grenzwert von 50 mg/1 festgelegt. In Verbindung mit dem Nitrit gilt folgende Grenzwertkombination: Die Summe aus Nitratkonzentration in mg/L geteilt durch 50 und Nitritkonzentration in mg/L geteilt durch 3 darf nicht größer als 1 mg/L sein.

6.2.39. Nitrit

Die Nitritgehalte unbelasteter Wässer liegen meist im Bereich von 0,01 mg/L und darunter. Ein Nitritgehalt von mehr als 0,1 mg/L bei gleichzeitiger Anwesenheit von Ammonium ist als Anzeichen für eine Wasserverunreinigung zu bewerten. Als Zwischenprodukt beim mikrobiellen Stickstoffabbau kann es als chemischer Indikator einen Hinweis für mögliche fäkale Verunreinigungen des Trinkwassers geben.

Gering erhöhte Nitritgehalte können auch durch aerobe Nitrifikation bei der natürlichen Zersetzung pflanzlicher Substanzen und im Grundwasser bei der anaeroben Denitrifikation von Nitrat vorkommen. Nitrit kann auch durch eine Nitratreduktion in verzinkten Rohrleitungen entstehen, vor allem bei längeren Stillstandszeiten. Somit muss der Nitritgehalt eines Trinkwassers meist im Zusammenhang mit anderen Trinkwasserinhaltsstoffen beurteilt werden. Die gesundheitliche Bedeutung des Nitrits wurde bereits beim Nitrat besprochen.

Der derzeitige Nitritgrenzwert im Trinkwasser beträgt 0,5 mg/L. In Verbindung mit dem Nitrat gilt folgende Grenzwertkombination: Die Summe aus Nitratkonzentration in mg/L geteilt durch 50 und Nitritkonzentration in mg/L geteilt durch 3 darf nicht größer als 1 mg/L sein. Am Ausgang des Wasserwerks darf der Wert von 0,1 mg/L für Nitrit nicht überschritten werden.

6.2.40. Organisch gebundener Kohlenstoff (TOC)

Der organisch gebundene Kohlenstoff, genauer der gesamte organisch gebundene Kohlenstoff (Total Organic Carbon, TOC) ist ein universeller Summenparameter, der den gesamten im Wasser gelösten und ungelösten und nicht zur Kohlensäure oder ihren Salzen gehörigen Kohlenstoff organischer Verbindungen erfasst. Er sagt jedoch nichts über die Art und Menge der im Wasser vorliegenden organischen Verbindungen aus und ist daher auch nicht als Indikator für potenzielle Gesundheitsrisiken geeignet. Jedoch ist er zur generellen Beurteilung der Reinheit des Wassers oder umgekehrt der Belastung mit unerwünschten und möglicherweise gesundheitsgefährdenden organischen Substanzen menschlicher Herkunft ein bedeutsamer Parameter. In bestimmten Fällen ist er aber auch ein Maß für geogene organische Substanzen (z. B. Huminstoffe in Grundwässern).

Der TOC-Gehalt der Trinkwässer bewegt sich in der Größenordnung von 0,5 bis 2 mg/L Kohlenstoff, in der Regel liegt er unter 0,5 mg/L Kohlenstoff. Der TOC ist gut geeignet zur Beurteilung des Wirkungsgrads von Wasseraufbereitungsanlagen. Erhöhte Konzentrationen organischer Stoffe sind im Wasser unerwünscht, da sie von Mikroorganismen als Nährsubstrat für die Vermehrung genutzt werden können und teilweise Ausgangsprodukte für die Bildung von Desinfektionsnebenprodukten wie Trihalogenmethanen (THM) darstellen.

In der Trinkwasserverordnung gibt es keinen zahlenmäßigen Grenzwert für den TOC. Es heißt dort aber, dass keine anormalen Konzentrationsveränderungen auftreten dürfen.

6.2.41. Oxidierbarkeit

Die Oxidierbarkeit dient ähnlich wie der TOC als Summenparameter als Maß für die organische Stoffbelastung eines Wassers. Reine Quell- und Grundwässer weisen meist eine Oxidierbarkeit von 1 bis 2 mg/L (angegeben als Sauerstoff) und weniger auf. Reine Oberflächenwässer liegen häufig zwischen 2 und 3 mg/L, mäßig verunreinigte Flüsse zwischen 5 und 9 mg/L, stark verunreinigte Flüsse zwischen 25 und 40 mg/L. Manchmal gibt es auch huminstoffhaltige Grundwässer mit einer Oxidierbarkeit von über 25 mg/L.

Die Oxidierbarkeit gibt häufig einen ersten Hinweis auf eine Trinkwasserbelastung mit organischen Stoffen, die u. U. auch oxidative Trinkwasseraufbereitungsverfahren behindern bzw. stören können. Dies ist vor allem bei der Trinkwasserdesinfektion von Bedeutung, bei der auch Trihalogenmethane (THM) entstehen können.

Der Grenzwert in der Trinkwasserverordnung ist mit 5 mg/L (angegeben als Sauerstoff) festgelegt worden. Dieser Parameter braucht nicht bestimmt zu werden, wenn der Parameter TOC bestimmt wird.

6.2.42. Ozon

Ozon ist unter Normalbedingungen ein stechend riechendes, äußerst giftiges Gas. Es ist ein starkes Oxidationsmittel und wird in der Trinkwasseraufbereitung zur Oxidation und Desinfektion verwendet. Es tötet Bakterien und inaktiviert Viren wesentlich schneller als Chlor. Die Oxidationsprodukte organischer Wasserinhaltsstoffe sind oft Aldehyde, Ketone und Carbonsäuren. Werden die Oxidationsprodukte nicht aus dem Wasser herausgefiltert, neigen so behandelte Wässer vor allem in größeren Verteilungsnetzen mit langen Aufenthaltszeiten des Wassers zur Wiederverkeimung.

Ozon kann zur Enteisenung und Entmanganung eingesetzt werden. Nitrit wird durch Ozon zum Nitrat, Schwefelwasserstoff zum Sulfat, Bromid zum Bromat.

Im Verordnungstext der Trinkwasserverordnung ist kein Ozongrenzwert angegeben. Der Grenzwert von 0,05 mg/L ist in einer Liste im Bundesgesundheitsblatt enthalten, die vom Umweltbundesamt geführt und fortgeschrieben wird.

6.2.43. Pflanzenschutzmittel und Biozidprodukte

Bei den Pflanzenschutzmitteln und Biozidprodukten handelt es sich um eine für die Trinkwasserbeurteilung sehr kritische Stoffgruppe. Dies liegt u. a. daran, dass für einen Teil der rund 300 durch die Biologische Bundesanstalt im Einvernehmen mit dem Umweltbundesamt und dem Bundesgesundheitsamt zugelassenen Pflanzenschutzmittelwirkstoffe zur Zeit immer noch keine ausreichenden Analysenvorschriften zur Verfügung stehen. Darüber hinaus ist für eine Anzahl der schon nicht mehr zugelassenen Verbindungen - oder solcher, die in der Bundesrepublik Deutschland keine Zulassung hatten - in vielen Fällen überhaupt keine Vorschrift vorhanden. Somit betreffen Analysenergebnisse zu diesen Stoffen, zu denen beispielsweise das Atrazin und sein Abbauprodukt Desethylatrazin gehören, ebenfalls nur eine kleine Auswahl aus einer Vielzahl möglicher Stoffe.

Nach Einschätzung nahezu aller Toxikologen sind die meisten Pflanzenschutzmittelwirkstoffe im Bereich von 0,0001 bis 0,001 mg/L nicht als Gesundheitsrisiko zu bewerten. Dies führte auch dazu, dass vorübergehende Grenzwertüberschreitungen bei der Sanierung verunreinigter Wasservorkommen von den zuständigen Behörden je nach den örtlichen Gegebenheiten toleriert werden. Insgesamt besteht bei Überschreitungen der sehr niedrig angesetzten Grenzwerte dennoch Handlungsbedarf, da nach allgemein übereinstimmender Ansicht diese Stoffe nicht ins Trinkwasser gehören, auch wenn sie noch kein nachweisliches Gesundheitsrisiko darstellen.

Die Trinkwassergrenzwerte betragen 0,0001 mg/L für die Einzelsubstanz und 0,0005 mg/L für die Summe aller dieser Stoffe. Da es in Deutschland keine einheitliche Liste für die zu untersuchenden Stoffe gibt, sind die Untersuchungsumfänge bei den Pflanzenschutzmitteln und Biozidprodukten je nach Region und Untersuchungsinstitut mehr oder weniger verschieden. Die nachfolgende Tabelle wird beispielsweise in Baden-Württemberg für die Untersuchungen im Rohwasser nach der SchALVO (Schutzgebiets- und Ausgleichsverordnung) verwendet. Dies zeigt, dass die Untersuchungen auf Pflanzenschutzmittel und Biozidprodukte in Deutschland nicht immer miteinander vergleichbar sind.

Bentazon	Bromacil
Mecoptop	Propazin
Dichlorprop	Hexazinon
2,4-Dichlorphenoxyessigsäure (2,4-D)	Metolachlar
4-Chlor-2-methylphenoxyessigsäure	Metazachlor
Dicamba	Metalaxyl
Atrazin	2,6-Dichlorbenzamid
Desethylatrazin	Diuron
Desethylterbutylazin	Isoproturon
Desisoprapylatrazin	Linuron
Simazin	Chlortoluron
Terbutylazin	Methabenzthiazuron

6.2.44. Phosphor

Da der Phosphorgehalt unbelasteter Grundwässer meist sehr gering ist, werden merkliche (etwa ab 0,1 bis 0,2 mg/L) Phosphorgehalte (als Phosphat) bei nicht phosphatierten Trinkwässern als Indikator für Verunreinigungen mit Abwässern verschiedener Herkunft angesehen. Eine gesundheitliche Gefährdung kann in diesen Größenordnungen ausgeschlossen werden, zumal Phosphor ein wesentliches Element für den menschlichen Organismus darstellt.

Im Trinkwasserbereich wurde und wird Phosphor in Form verschiedener Mono- und Polyphosphate eingesetzt, um Korrosionserscheinungen oder Kalkausfällungen im Leitungsnetz zu vermindern. Auf diese Anwendungen ist auch der relativ hohe Phosphorgrenzwert zurückzuführen. Aufgrund der Wirkungen des Phosphors auf die Gewässer (Eutrophierung) sollte der Phosphorgrenzwert nicht überschritten werden. In jüngster Zeit werden immer mehr Trinkwasseraufbereitungsanlagen errichtet, die eine Phosphatierung zu Korrosionsschutzzwecken weitgehend überflüssig machen, sodass in Zukunft von der Installation einer Phosphatierungsanlage bis auf begründete Ausnahmefälle abgesehen werden sollte.

Im Verordnungstext der Trinkwasserverordnung ist kein Grenzwert genannt. Der Grenzwert von 6,7 mg/L PO_4 (als Phosphat) oder 5 mg/L P_2O_5 (als Polyphosphat) ist in einer Liste im Bundesgesundheitsblatt enthalten, die vom Umweltbundesamt geführt und fortgeschrieben wird.

6.2.45. pH-Wert

Der pH-Wert gehört zu den wichtigsten Messgrößen jeder Wasseruntersuchung. In natürlichen Wässern wird er in den meisten Fällen von der Kohlensäure und ihren Anionen bestimmt. In geringem Maße haben organische Säuren oder Basen sowie Temperatur und lonenstärke einen Einfluss. Eine Ausnahme bilden Regen- oder Schneeschmelzwässer, in denen der pH-Wert von anwesenden Mineralsäuren (z. B. durch Luftverunreinigungen) wie Salzsäure, Schwefelsäure und Salpetersäure stark beeinflusst sein kann.

Die für die Trinkwasserversorgung genutzten Grundwässer werden in ihrem pH-Wert meist durch die Bodenpassage (CO_2 der Bodenluft, Kontakt mit den Bodenmineralien) beeinflusst. Wässer aus Urgesteins- und Buntsandsteinböden weisen meist niedrige pH-Werte, solche aus Gips- und Kalksteinböden meist höhere pH-Werte auf. Der pH-Wert beeinflusst auch den Geschmack des Wassers. Man empfindet den Geschmack als erfrischend, wenn der pH-Wert unter 7.5 liegt, das Wasser gleichzeitig kühl ist und eine hinreichende Menge an CO_2 aufweist. Wasser mit einem pH-Wert von etwa 8 schmeckt häufig fade, bei noch höheren pH-Werten macht sich ein seifiger Geschmack bemerkbar.

Für die meisten chemischen Gleichgewichte der Wasserinhaltsstoffe hat der pH-Wert eine große Bedeutung. Dies bemerkt man in der Praxis häufig bei Korrosionserscheinungen in Rohrleitungsnetzen (vor allem im sauren Bereich bei pH-Werten unter 7.0) in verzinkten Stahl- und Kupferrohren, während leicht alkalische bzw. basische Wässer über pH 7.0 keine derart starken Auswirkungen zeigen.

Nach der Trinkwasserverordnung darf der pH-Wert weder unter 6,5 noch über 9,5 liegen. Das Wasser sollte nicht korrosiv wirken. Die berechnete Calcitlösekapazität am Ausgang des Wasserwerks darf 5 mg/L $CaCO_3$ nicht überschreiten. Diese Forderung gilt als erfüllt, wenn der pH-Wert am Wasserwerksausgang 7,7 oder mehr beträgt. Bei der Mischung von Wasser aus zwei oder mehr Wasserwerken darf die Calcitlösekapazität im Verteilungsnetz den Wert von 10 mg/L nicht überschreiten (siehe auch Calcitlösekapazität). Für in Flaschen oder Behältnisse abgefülltes Wasser kann der Mindestwert auf 4,5 pH-Einheiten herabgesetzt werden. Für in Flaschen oder Behältnisse abgefülltes Wasser, das von Natur aus kohlensäurehaltig ist oder das mit Kohlensäure versetzt wurde, kann der Mindestwert niedriger sein.

6.2.46. Polycyclische Aromatische Kohlenwasserstoffe (PAK)

Die Polycyclischen Aromatischen Kohlenwasserstoffe (PAK), zu denen auch schon einiges beim Parameter Benzo(a)pyren gesagt wurde, sind weltweit verbreitet; sie können teilweise cancerogen wirken. Es handelt sich hierbei um eine Stoffgruppe aus vielen Verbindungen, wobei man für die Trinkwasserbeurteilung vier sogenannte Leitsubstanzen ausgewählt hat: Benzo(b)fluoranthen, Benzo(k)fluoranthen, Benzo(ghi)perylen und Indeno(1,2,3-cd)pyren.

Unbelastetes Grundwasser enthält meist weniger als 0,00005 mg/L PAK, schwach belastete Oberflächengewässer bis zu 0,00025 mg/L. Die PAK entstehen bei der unvollständigen Verbrennung organischen Materials und kommen demnach in Autoabgasen, Teer, Ruß, Zigarettenrauch und in Abgasen aus der Verbrennung fossiler Energieträger vor. In Lebensmitteln entstehen PAK beim Räuchern und Grillen. Obwohl die PAK-Aufnahme beim Menschen zu rund 99 % über die Nahrung und nur zu etwa 0,1 - 0,3 % über das Trinkwasser erfolgt, ist man bestrebt, auch diese Aufnahme zu minimieren.

Entsprechend der Trinkwasserverordnung beträgt der Grenzwert für die Summe der vier oben genannten Leit-PAK 0,0001 mg/L (angegeben als Kohlenstoff).

6.2.47. Quecksilber

Quecksilber gehört zu den äußerst seltenen Elementen der Erdkruste, ist aber wegen seiner Flüchtigkeit weit verbreitet. Höhere als Spurenkonzentrationen (0,001 mg/L) im Wasser deuten meist auf Verunreinigungen hin.

Die Toxizität des Quecksilbers beruht hauptsächlich auf seiner enzymhemmenden Wirkung. Besonders toxisch sind organische Quecksilberverbindungen, wie sie früher beispielsweise bei Getreidebeizen (als Fungizide) Verwendung fanden. Bekannt geworden sind auch Massenvergiftungen in Minamata (Japan) durch Verzehr von Fischen mit Methylquecksilber-Akkumulationen. Gerade bei Fischen aus belasteten Gewässern macht sich die Anreicherung des Quecksilbers in der Nahrungskette besonders bemerkbar.

In der Trinkwasserverordnung ist ein Quecksilbergrenzwert von 0,001 mg/L enthalten.

6.2.48. Sauerstoff

Der Sauerstoffgehalt eines Wassers ist für viele physikalisch-chemische Vorgänge im Wasser von großer Bedeutung

(Korrosionserscheinungen, Geschmacks- und Geruchseigenschaften, Mikroorganismenwachstum usw.). Tiefengrundwässer sind häufig sauerstoffarm (weniger als 3 mg/L), oberflächennahe Grundwässer meist sauerstoffreich (mehr als 8 mg/L).

Für die Bildung korrosionshemmender Schutzschichten in metallischen Rohrleitungen sollte der Sauerstoffgehalt des Wassers ständig über 3 mg/L liegen. Dabei spielen aber auch noch andere Parameter wie die Gesamtmineralisation, pH-Wert, Säurekapazität, Calcium, Fließgeschwindigkeit usw. eine Rolle. Unter 2 mg/L reicht der Sauerstoffgehalt nicht mehr für die Bildung einer geschlossenen Deckschicht aus. Bei starken Schwankungen des Sauerstoffgehaltes kann es zu merklichen Korrosionserscheinungen kommen.

Trotz seiner Bedeutung gibt es für den Sauerstoffgehalt in der Trinkwasserverordnung keinen Grenzwert. Für die Bewertung metallischer Werkstoffe in der Hausinstallation nach DIN 50930 Teil 6 ist der Sauerstoffgehalt aber von Relevanz (siehe auch Kapitel 3.3.4.).

6.2.49. Säurekapazität

Die Größe der Säurekapazität wird im wesentlichen durch den Gehalt des Wassers an schwachen Säuren und Basen bestimmt, z. B. an Huminstoffen und Phosphaten (sogenannte Fremdpuffer), insbesondere aber durch die Kohlensäure und ihre Anionen. In fremdpufferfreien kohlensäurehaltigen Wässern ist die ermittelte Säurekapazität bis pH 4,3 ein wesentlicher Parameter zur Bestimmung der Gleichgewichtskonzentrationen der Kohlensäurespezies und des Kalk-Kohlensäure-Gleichgewichts.

Die Säurekapazität ist auch ein Maß für die Pufferung eines Wassers. In Wässern mit einer niedrigen Säurekapazität besteht die Gefahr großer pH-Wert-Schwankungen durch geringe Säuren- oder Laugeneinflüsse. Wässer mit einer hohen Säurekapazität reagieren da viel stabiler.

In der Trinkwasserverordnung wird für die Säurekapazität kein Grenzwert genannt. Aber nach § 14 Abs. 1 muss das Trinkwasser, von dem mehr als 1.000 m³ pro Jahr an Anschlussnehmer abgegeben wird, wenigstens einmal pro Jahr, und das, von dem weniger als 1.000 m³ pro Jahr an Anschlussnehmer abgegeben wird, wenigstens alle drei Jahre einmal untersucht werden. Für die Bewertung metallischer Werkstoffe in der Hausinstallation nach DIN 50930 Teil 6 ist die Säurekapazität von Bedeutung (siehe auch Kapitel 3.3.4.).

6.2.50. Selen

Selen gehört zu den selteneren Elementen; es kann bei der Öl- und Kohleverbrennung sowie bei der Erzverhüttung freigesetzt werden. Häufig ist ein Zusammenhang zwischen Staubemissionen und Gewässerbeschaffenheit zu beobachten. Eine weitere Quelle können industrielle Abwässer sein. Der natürliche Hintergrund soll etwa 0,0001 mg/L betragen.

Selen ist in geringen Mengen für den Menschen ein essenzielles Spurenelement. In höheren Dosen kann es toxisch wirken. Die Krankheitserscheinungen sind vorwiegend Missbildungen des Knochengerüsts, Gewichtsabnahmen, Haarausfall, bei Pferden Abfall der Hufe. Vergiftungen durch Selen über das Trinkwasser dürften in der Regel nicht vorkommen. Bedeutender sind hier das Einatmen von Selenwasserstoff und Selendämpfen.

Die Trinkwasserverordnung nennt einen Grenzwert von 0,01 mg/L.

6.2.51. Silikat

Silikate kommen durch den Kontakt mit verwitternden Gesteinen in natürlichen Wassern praktisch überall vor. In den Trinkwässern liegen die Konzentrationen meistens zwischen 1 und 10 mg/L. Gelegentlich kann man aber auch höhere Werte finden. Mit Ausnahme der Gesamtmineralisation besitzt es eine geringe Bedeutung bei der Bewertung eines Trinkwassers.

Da auch keine gesundheitlichen Bedenken gegen die natürlichen Silikatgehalte im Trinkwasser bestehen, gibt es auch keinen entsprechenden Grenzwert in der Trinkwasserverordnung. Eine gewisse Bedeutung besitzt es aber als Korrosionsinhibitor. Zu diesem Zweck darf es als Natriumsilikat nur in Mischung mit den entsprechend zugelassenen Stoffen bis zu einer Konzentration von 15 mg/L Silikat zugegeben werden (Liste der Aufbereitungsstoffe und Desinfektionsverfahren gemäß § 11 der Trinkwasserverordnung von 2001).

6.2.52. Sulfat

Sulfat ist in der Regel in allen Wässern vorhanden und bildet einen der wesentlichen Mineralstoffbestandteile des Wassers. In der Natur ist es z. B. als Magnesiumsulfat (Bittersalz), Natriumsulfat oder als Calciumsulfat (Gips) weit verbreitet. Die meisten Sulfatverbindungen (außer Gips) sind gut wasserlöslich.

In unbelasteten Grundwässern liegt der Sulfatgehalt normalerweise zwischen 20 und 50 mg/L. Bei Wässern aus gips- und salzhaltigem Untergrund muss mit Sulfatgehalten von 100 bis 1.000 mg/L gerechnet werden. Neben diesen geogen bedingten Sulfatgehalten können auch Umweltbelastungen wie z. B. durch Kunstdünger, industrielle Abwässer, Deponiesickerwässer sowie Grubenwässer für erhöhte Sulfatgehalte verantwortlich sein. Ebenso kann der Sulfatgehalt auf Trinkwasseraufbereitungs-Chemikalien zurückzuführen sein.

In der Trinkwasserverordnung ist ein Grenzwert von 240 mg/L festgelegt. Das Wasser sollte nicht korrosiv wirken. Geogen bedingte Überschreitungen bis zu einem Grenzwert von 500 mg/L bleiben aber außer Betracht.

6.2.53. Temperatur

Die Temperatur des Wassers spielt bei nahezu allen Vorgängen im Trinkwasser eine sehr große Rolle. Dennoch wurde der Grenzwert in der alten Trinkwasserverordnung von 25 °C nicht in die neue Trinkwasserverordnung übernommen. Einer der Gründe dürfte sicherlich auch der sein, dass in den südlichen Ländern der Europäischen Gemeinschaft die Trinkwasserleitungen oft sehr oberflächennah verlegt sind und sich durch die Sonneneinstrahlung mehr oder weniger stark erwärmen. In Deutschland liegen die Trinkwasserleitungen meist sehr viel tiefer, vor allem auch wegen des Frostschutzes im Winter, sodass das Wasser zumindest im öffentlichen Verteilungsnetz selbst im Sommer häufig unter 15°C bleibt.

Die Wassertemperatur wird von vielen Faktoren beeinflusst: Herkunft des Wassers, Standzeiten in Behältern und Rohrleitungen, Transportgeschwindigkeiten usw. Die Wassertemperatur hat einen großen Einfluss auf die allermeisten biologischen, chemischen und physikalischen Prozesse und ist deshalb für die Trinkwasserversorgung von großer Bedeutung.

Zwischen 8 und 12 °C schmeckt das Trinkwasser in der Regel sehr erfrischend. Unter 5 bis 6 °C wird es nicht mehr als angenehm temperiert empfunden und kann sogar zu Magen-Darm-Störungen führen. Bei höheren Temperaturen als

15 bis 17 °C wird das Trinkwasser eher als fade und schal schmeckend empfunden.

Probleme kann es auch vor allem im Sommer geben, wenn jemand ein Kühlaggregat mit Leitungswasser betreibt. Zu dieser Jahreszeit kann es durchaus zu Temperaturen von 15 bis 18 °C und mehr in den Verteilungsnetzen kommen. Wer also mit dem Gedanken spielt, sich ein solches Aggregat anzuschaffen, sollte prüfen, ob das zu verwendende Wasser auch ganzjährig ausreichend niedrige Temperaturen aufweist.

Höhere Wassertemperaturen fördern auch das Wachstum von Mikroorganismen in den Trinkwasserleitungen. Die Legionellen sind hierfür ein besonderes Beispiel. Sind die Trinkwasserleitungen schlecht isoliert, kann durch die Stillstandszeiten aus kaltem Wasser sehr schnell warmes Wasser werden. Beträgt die Differenz im Kaltwasserbereich zwischen dem kalten laufenden Wasser und nach der Erwärmung durch die Stillstandszeiten 10 °C und mehr, so kann es sogar zu nachteiligen Einflüssen auf die Korrosionseigenschaften des Wassers kommen. Diese sind um so stärker, je größer diese Differenz ist.

In der Trinkwasserverordnung gibt es keinen Grenzwert für die Temperatur des Wassers. Die Anforderungen an die Temperatur des Trinkwassers ergeben sich eher aus den geschmacklichen und technischen Eigenschaften. So ist für die Bestimmung der Calcitlösekapazität die Temperatur des Wassers erforderlich. Sie sollte also bei den Untersuchungen zur Feststellung der Calcitlösekapazität ebenfalls gemessen werden.

6.2.54. Tetrachlorethen und Trichlorethen

Das Vorkommen der organischen Chlorverbindungen ist auf ihre verbreitete Verwendung im häuslichen, gewerblichen und industriellen Bereich (z. B. als Lösemittel zur Entfettung und chemischen Reinigung, als Extraktionsmittel sowie als Zwischenprodukt für chemische Synthesen) zurückzuführen. Auch hierbei handelt es sich um eine Stoffgruppe, für die zur Trinkwasserbeurteilung eine Auswahl an Einzelstoffen getroffen wurde: Tetrachlorethen und Trichlorethen.

Für die genannten Stoffe werden in Langzeit-Tierstudien cancerogene Eigenschaften beschrieben, sodass durch entsprechende Trinkwassergrenzwerte eine möglichst geringe Belastung und ein sorgfältiger Umgang mit diesen Stoffen erreicht werden sollen.

Für die oben genannte Auswahl an organischen Chlorverbindungen nennt die Trinkwasserverordnung einen Grenzwert von 0,01 mg/L. Dabei ist die Summe der für die beiden Stoffe nachgewiesenen Konzentrationen gemeint.

6.2.55. TOC

Siehe gesamt organisch gebundener Kohlenstoff.

6.2.56. Trihalogenmethane (THM)

Die Trihalogenmethane (THM) Chloroform, Bromdichlormethan, Dibromchlormethan und Bromoform bilden die mengenmäßig bedeutendste Gruppe von Desinfektionsmittelnebenprodukten (DNP), die bei der Chlorung des Trinkwassers entstehen kann. Sie bilden sich bei der Reaktion von im Rohwasser natürlicherweise vorhandenen Vorläuferverbindungen (Huminsäuren) mit Chlor. Die Bildung von DNP lässt sich wesentlich unterdrücken, wenn die Konzentration der Vorläuferverbindungen im Rohwasser vor der Chlorung durch geeignete Aufbereitungsschritte vermindert wird.

Eine problem- und ressourcenangepasste Aufbereitung kann die chemische Desinfektion sogar überflüssig machen. Mit Stand von 1991 war die chemische Desinfektion des abgegebenen Trinkwassers bei etwa 50 % der Versorgungsanlagen nicht notwendig, dazu zählten auch die Trinkwässer einiger städtischer oder großstädtischer Versorgungsunternehmen (Münster, Gütersloh, Berlin, München u. a.). Die mittleren THM-Konzentrationen in gechlorten Trinkwässern lagen ab Wasserwerk zu diesem Zeitpunkt in Deutschland je nach Herkunft des Rohwassers und der Größe der Anlage bei 0,001 bis 0,004 mg/L und damit 10 bis 20mal niedriger als z. B. in den USA.

Im Verteilungssystem ab Wasserwerk kann die Konzentration der THM wegen der Nachreaktionen während des Transports ansteigen. Stichprobenartige Untersuchungen im Jahr 1997 hatten ergeben, dass im Verteilungsnetz 0,01 mg/L zwar häufig eingehalten wurden, am Zapfhahn des Verbrauchers in etwa 10 % der Proben aber 0,05 mg/L überschritten wurden.

Die gesundheitliche Bedeutung der THM liegt in ihrer toxischen und krebserregenden Wirkung in Leber und Niere zumindest im Tierversuch. Die Studien beim Menschen sind nicht eindeutig zu beurteilen.

In der Trinkwasserverordnung ist ein Grenzwert von 0,05 mg/L angegeben. Dies betrifft die Summe der am Zapfhahn des Verbrauchers nachgewiesenen und mengenmäßig bestimmten Reaktionsprodukte, die bei der Desinfektion oder Oxidation des Wassers entstehen. Für Trichlormethan (Chloroform), Bromdichlormethan, Dibromchlormethan und Tribrommethan (Bromoform) ist eine Untersuchung im Verteilungsnetz nicht erforderlich, wenn am Ausgang des Wasserwerks der Wert von 0,01 mg/L nicht überschritten wird.

6.2.57. Tritium

Tritium gehört zu den natürlichen radioaktiven Stoffen, die aufgrund der kosmischen Strahlung in der Atmosphäre ständig gebildet werden. Es ist im Oberflächen-, Quell- und Grundwasser und damit auch in geringsten Mengen im Trinkwasser vorhanden.

In der Trinkwasserverordnung ist ein Grenzwert von 100 Bq/L festgelegt. Die Handhabungsweise der Kontrollen werden aber erst zu einem späteren Zeitpunkt festgelegt, so dass davon auszugehen ist, dass derzeit kaum entsprechende Untersuchungen durchgeführt werden.

6.2.58. Trübung

Trinkwasser soll nach den hygienischen Anforderungen klar sein. In bestimmten Fällen (z. B. bei Oberflächenwässern bzw. Uferfiltraten zur Trinkwasseraufbereitung, bei Ausfällungen von Wasserinhaltsstoffen oder bei plötzlichen Verunreinigungen) können Trübungen im Trinkwasser auftreten. Rostbraune Eintrübungen sind häufig ein Hinweis auf Korrosionserscheinungen im Leitungsnetz.

Trübstoffe sind vor allem auch deswegen von Bedeutung, weil sie die Desinfektion eines Trinkwassers behindern und ein Bakterienwachstum fördern können. Eine leichte Trübung in kleinen Behältern (1 bis 2 L) ist etwa ab 2 NTU (nephelometrische Trübungseinheiten) für das menschliche Auge erkennbar. In großen Behältern (mehrere Kubikmeter) erscheinen 1 bis 2 NTU als leichte Trübung. Oberflächenwässer und Abwässer weisen Trübungen von über 10 bis über 500 NTU auf, während gutes Trinkwasser meist unter 0,5 NTU liegt.

Der Grenzwert in der Trinkwasserverordnung hebt eher auf den ästhetischen Aspekt ab und berücksichtigt dabei kurzzeitige Erhöhungen der Trübung durch natürliche, gesundheitlich unbedenkliche anorganische Trübstoffe. Wenn jedoch ein aufbereitetes Wasser desinfiziert werden muss, sind aus hygienischen Gründen wesentlich höhere Anforderungen an den Parameter Trübung zu stellen, da Bakterien und Viren sich an Feststoffpartikeln anlagern oder sich in Mikroflocken vor dem Einfluss von Desinfektionsmitteln schützen können. So ist der Wert für die Trübung vor der Desinfektion des Wassers mit 0,1 NTU oder bei der weitergehenden Nutzung des Trinkwassers z. B. in Schwimmbecken mit 0,2 NTU im Filtrat und 0,5 NTU im Beckenwasser deutlich tiefer anzusetzen.

Der Grenzwert nach der Trinkwasserverordnung beträgt 1,0 NTU. Der Grenzwert gilt am Ausgang des Wasserwerks. Der Unternehmer oder sonstige Inhaber einer Wasserversorgungsanlage hat einen plötzlichen oder kontinuierlichen Anstieg unverzüglich der zuständigen Behörde zu melden.

6.2.59. Uran

Uran ist ein Element, für das es in der Trinkwasserverordnung keinen Grenzwert gibt. Da es aber aufgrund verschiedener Messungen in der jüngsten Vergangenheit sowohl in einigen Trinkwässern als auch in einigen Mineralwässern in die Diskussion geraten ist, soll es auch hier Erwähnung finden. Es kommt natürlicherweise in Böden und Gesteinen Deutschlands vor. Je nach den geologischen Verhältnissen findet man es in unbeeinflussten Grundwässern in Konzentrationen von weniger als 0,001 bis über 0,1 mg/L.

Die Radiotoxizität von Uran ist wegen der sehr großen Halbwertszeit relativ gering. Die chemische Toxizität ist aber wie die vieler anderer Schwermetalle sehr hoch. Bei der Aufnahme von Uran über das Trinkwasser kann es bei entsprechenden Konzentrationen zum Auftreten von Nierenkrebs kommen. Unter Abwägung aller bekannten Daten hat das Umweltbundesamt (UBA) eine lebenslang gesundheitlich duldbare Höchstkonzentration für Uran im Trinkwasser als „gesundheitlichen Leitwert“ von 0,01 mg/L empfohlen.

Interessierte Verbraucher werden derzeit noch bei den meisten Wasserwerkern keine Uran-Messwerte erhalten, wenn sie danach fragen. Dies liegt vor allem daran, dass auf Stoffe, für die es keinen Grenzwert in der Trinkwasserverordnung gibt, meist nur aus besonderem Anlass untersucht wird. Es ist aber zu erwarten, dass vor allem bei entsprechenden Fragestellungen der Verbraucher verschiedene Wasserwerke in nächster Zukunft solche Untersuchungen durchführen lassen.

Sollten einmal bedenkliche Werte nachgewiesen werden, kann man versuchen, die entsprechenden geologischen Formationen für die Trinkwassergewinnung zu meiden. Ist dies nicht möglich oder vom Aufwand her nicht vertretbar, so kann man Uran mit geeigneten Aufbereitungstechniken nahezu vollständig aus dem Trinkwasser entfernen. Tafelwasser, Mineralwasser und Heilwasser kann ebenfalls erhöhte Uran- und Radiumgehalte aufweisen, da diese Wässer in der Regel aus tieferen Grundwasserleitern stammen und entsprechend größere Verweilzeiten im Untergrund zu einer erhöhten Aufnahme führen können.

In der Trinkwasserverordnung gibt es keinen Grenzwert für Uran. Das Umweltbundesamt (UBA) empfiehlt eine dauerhaft duldbare Konzentration von 0,01 mg/L, die Weltgesundheitsorganisation (WHO) eine solche von 0,015 mg/L.

6.2.60. Wasserstoffionenkonzentration

Siehe pH-Wert.

6.2.61. Wasserstoffperoxid

Wasserstoffperoxid wird in der Trinkwasseraufbereitung als Oxidationsmittel sowie für die Oberflächendesinfektion von Armaturen, Schiebern und in Reinigungsmitteln für die Hochbehälter- und Rohrnetzreinigung verwendet.

Im Verordnungstext der Trinkwasserverordnung ist kein Wasserstoffperoxidgrenzwert angegeben. Der Grenzwert von 0,1 mg/L nach Abschluss der Aufbereitung ist in einer Liste im Bundesgesundheitsblatt enthalten, die vom Umweltbundesamt geführt und fortgeschrieben wird.

6.2.62. Zink

Unbelastete Wässer weisen üblicherweise nur sehr geringe Zinkkonzentrationen auf. Höhere Messwerte für Zink im Trinkwasser sind meistens auf Korrosionsvorgänge in der Trinkwasserinstallation bei der Verwendung von verzinkten Stahlrohren zurückzuführen. In Extremfällen können Konzentrationen bis über 10 mg/L und mehr vorkommen.

Für die menschliche Ernährung ist Zink ein essenzielles Element. Gesundheitliche Störungen durch Zinkmangel (Verlust der Geschmacksempfindung, Appetitlosigkeit) kommen häufiger vor als durch eine Zinküberdosis (Erbrechen und Entzündungen der Verdauungsorgane).

In der alten Trinkwasserverordnung gab es einen Richtwert von 5 mg/L. In der neuen Trinkwasserverordnung ist Zink nicht mehr enthalten. Es ist technisch-wissenschaftlich überholt. Seine Verwendung im Trinkwasserbereich ist aber in den Vorschriften der technischen Regelwerke soweit berücksichtigt, dass bei der Einhaltung dieser Vorschriften keine gesundheitliche Relevanz mehr gegeben ist. Sollten bei verzinkten Stahlrohren Korrosionserscheinungen auftreten (Braunfärbung des Wassers), kann eine Messung durchaus noch sinnvoll sein. Eine Orientierung am alten Trinkwasserrichtwert erscheint in diesen Fällen dann aber als nicht ausreichend. Denn die Zinkschicht vor allem bei nicht genormten Verzinkungen kann dann soviel Blei als Verunreinigung (möglicherweise auch andere Metalle) enthalten, dass insbesondere der verschärfte Bleigrenzwert ab dem 30.11.2013 nicht mehr eingehalten wird.

7. Welche Bedeutung hat die Psychologie bei der Trinkwassernutzung?

„Kann man das Wasser aus dem Wasserhahn überhaupt trinken?" Viele Verbraucher beantworten diese Frage, ohne besonders darüber nachzudenken, eindeutig mit: nein! Dieser Sachverhalt führt zu der Erkenntnis, dass viele Menschen ein gestörtes Verhältnis zu ihrem Trinkwasser haben. Obwohl diese Einstellung der tatsächlichen Qualität der meisten Trinkwässer nicht gerecht wird, ist sie in großen Teilen der Bevölkerung weit verbreitet. Wie in vielen anderen Bereichen auch kommt es den Menschen dabei nicht darauf an, wie sich eine Sache tatsächlich verhält, sondern wie sie glauben, dass sich die Sache verhält. Die Trinkwasserqualität wird in solchen Fällen nicht nach irgendwelchen Untersuchungsberichten beurteilt, sondern nach dem, was die Menschen sehen, riechen, schmecken und empfinden. Dabei spielen gedankliche Assoziationen durch Informationen aus den Medien, von Freunden, Verwandten und vertrauenswürdigen Bekannten eine große Rolle. Selbst aufwändig ste Versuche von Wasserwerken, das Vertrauen der Verbraucher zu gewinnen, gelingen nicht, wenn das, was man sieht, riecht, schmeckt und empfindet, nicht mit dem übereinstimmt, was das Wasserwerk behauptet. So mancher Leser wird sich vielleicht wundern, dass eine Reihe von Trinkwasserthemen, die er eher in fachlichen Kapiteln erwartet hätte, unter dem Oberbegriff „Psychologie der Trinkwassernutzung" behandelt sieht. Dies kommt daher, dass viele Trinkwassernutzer weniger fachlich als gefühlsmäßig an bestimmte Trinkwasserthemen herangehen. Und dabei spielt die Psychologie erfahrungsgemäß eine große Rolle. Vor allem die Frage der Trinkwassernachbehandlungsanlagen wird vielfach sehr subjektiv beantwortet. Die fachliche Seite der Trinkwassernutzung soll deshalb auch in diesem Kapitel nicht zu kurz kommen.

Eine grundlegende Ursache für die Missverständnisse zwischen Wasserwerken und Verbrauchern ist in solchen Fällen die, dass beide „Kontrahenten“ nicht vom selben Wasser sprechen. Der Wasserwerker meint das Wasser, das er den Verbrauchern an der Übergabestelle in der Nähe des Wasserzählers zur Verfügung stellt. Der Verbraucher meint das Wasser, das beim Aufdrehen seines Wasserhahnes aus dem Hahn herauskommt. Dass sich zwischen diesen beiden Stellen innerhalb der Hausinstallation noch viele Dinge abspielen können, wird von beiden Seiten oft nicht gebührend berücksichtigt.

Obwohl die Wasserwerke nach der Trinkwasserverordnung verpflichtet sind, sich bei ungewöhnlichen Beobachtungen im Bereich der Trinkwasserversorgung darum zu kümmern, sind manchen Wasserwerkern die Beschwerden kritischer Verbraucher eher lästig. Das hat schon dazu geführt, dass nicht gleich nachvollziehbare Verbraucherbeschwerden von den Wasserwerken nicht ernst genommen wurden. Die darauf folgende Diskussion hatte meist das Ergebnis, dass der verärgerte Verbraucher seinem Wasserwerk nicht mehr vertraut und Trinkwasser zwar noch für das nötigste verwendet, aber nicht mehr zum Trinken. Schlimmer noch, er teilt seine Verärgerung seiner Umgebung mit und beeinflusst diese nachteilig in ihrer Haltung und ihrem Vertrauen zum Trinkwasser.

7.1. Die Bewertung von Untersuchungsergebnissen

Wer sich mit der Trinkwasserqualität beschäftigt, wird sich irgendwann einmal mit der Bewertung von Untersuchungsergebnissen auseinandersetzen müssen. Für viele Stoffe gibt es Grenz- oder Richtwerte. Da die meisten Menschen nicht in der Trinkwasserforschung tätig sind, müssen sie sich darauf verlassen, dass die angegebenen Grenz- oder Richtwerte dem Gefährdungspotenzial für die Verbraucher angemessen festgelegt wurden. Für die Beurteilung von Stoffen, für die keine Grenz- oder Richtwerte festgelegt wurden, ist man gezwungen, Recherchen in der Literatur oder im Internet durchzuführen. Findet man Beurteilungskriterien, so kann man nur darauf hoffen, dass diese auch richtig und aktuell sind.

Leider gibt es auch auf dem Trinkwassersektor wirtschaftliche, politische und gesellschaftliche Interessen. Sind die betreffenden Interessenvertreter sehr stark engagiert, so besteht die Gefahr, dass sie nicht mehr unbedingt eine neutrale und möglichst objektive Stellungnahme abgeben. Die meisten Menschen werden in einem solchen Fall am ehesten noch den Vertretern von offiziellen Behörden vertrauen. Geraten solche Behörden allerdings in den Strudel politischer Interessen, so ist die Unabhängigkeit nicht mehr in jedem Fall gewährleistet. Die Praxis zeigt aber, dass bei den zuständigen Behörden noch am ehesten ein neutrales Urteil erwartet werden darf.

Der Trinkwassersektor ist inzwischen ein Bereich geworden, in dem sich auch mit Trinkwasseruntersuchungen und deren Bewertung viel Geld verdienen lässt. Der finanzielle Druck der potenziellen Auftraggeber auf die Untersuchungsstellen zeigt aber bereits Wirkung. So kommt es schon vielfach vor, dass vor allem die Trinkwasserprobenahme und die Beurteilung der örtlichen Gegebenheiten von nicht ausreichend qualifiziertem Personal oder gar von sachunkundigen Auftraggebern selbst durchgeführt werden. So kommt es zu vielen Fehlurteilen und - schlimmer noch - zu kostspieligen, oft falschen Maßnahmen.

Leider gibt es auch immer wieder unseriöse „Sachverständige“, die bei den Auftraggebern den Eindruck hinterlassen, sie kennen sich bei Trinkwasseruntersuchungen aus. Überprüfungen ergeben dann aber immer wieder, dass sie weder für Trinkwasseruntersuchungen nach der Trinkwasserverordnung offiziell zugelassen sind noch über eine ausreichende Qualifikation verfügen. Wer sein Trinkwasser also offiziell untersuchen lassen möchte, tut gut daran, sich ein Institut oder Labor zu suchen, dass nach den jeweiligen offiziellen Landeslisten auch zugelassen ist. Nähere Informationen hierzu erfährt man bei den Gesundheitsämtern oder auch im Internet.

Recherchiert man im Internet, so wird man feststellen, dass einige Labors und Institute relativ kostengünstige Trinkwasseruntersuchungen einschließlich des dazugehörigen Flaschenmaterials und entsprechende Probenahmeanleitungen anbieten. Von solchen Angeboten Gebrauch zu machen, kann man eigentlich nur denjenigen empfehlen, die die Trinkwasserprobenahme sachlich beherrschen. Weiterhin sollten sie über genügend Geld verfügen, damit ihnen eventuell falsche Maßnahmen finanziell nicht weh tun, wenn sie sich in ihren Probenehmerqualitäten geirrt haben sollten. Sind die Probenehmer offiziell für die Trinkwasserprobenahme nicht akkreditiert, sind die so gewonnenen Untersuchungsergebnisse nicht einmal gerichtsfest und müssen gegebenenfalls offiziell wiederholt und auch bezahlt werden. Dann hat man möglicherweise nicht nur nicht gespart, sondern man legt noch darauf.

Es ist immer wieder erstaunlich, welch geringe Bedeutung der Normalbürger einer ordnungsgemäßen Trinkwasserprobenahme zumisst. Er glaubt in der Regel, es sei mit dem Ausspülen der Flaschen und deren Abfüllung getan. Das

Untersuchungsinstitut kann letztlich nur das Wasser untersuchen und bewerten, das es erhält. Kennt es auch die örtlichen Verhältnisse nicht, erfolgt die Beurteilung auch oft nur vom grünen Tisch aus unter Berücksichtigung einiger allgemeiner Kriterien. Treffen diese auf die örtlichen Verhältnisse nicht zu, sind Fehlbeurteilungen und falsche Maßnahmen vorprogrammiert.

Vorsichtig sollte man vor allem dann sein, wenn ein „Sachverständiger“ aufgrund seiner Bewertung von Trinkwasseruntersuchungsergebnissen unbedingt den Einbau einer hausinternen Trinkwassernachbehandlungsanlage von einem bestimmten Hersteller oder Vertreiber empfiehlt. Es kann durchaus einmal sein, dass eine hausinterne Trinkwassernachbehandlungsanlage sinnvoll ist. Ein seriöser Sachverständiger wird dann die erforderlichen Verfahrensschritte aufzeigen, die Auswahl des Fabrikats aber dem Verbraucher überlassen oder aber mehrere Hersteller zur Einholung verschiedener Angebote nennen.

7.2. Trinkwasser selbst untersuchen lassen

Sie sind mit den Auskünften, die man ihnen über ihr Trinkwasser gibt, nicht zufrieden? Sie vertrauen den ihnen vorliegenden Untersuchungsergebnissen nicht? Sie legen viel Wert auf eine gesunde Ernährung und beziehen das Trinkwasser dabei mit ein? Sie wissen, dass von der Übergabestelle der öffentlichen Wasserversorgung bis zu Ihrem Zapfhahn durch die Werkstoffe, Anlagen und Betriebsbedingungen innerhalb der Hausinstallation die Qualität des gelieferten Trinkwassers deutlich abnehmen kann und dies in der Realität auch schon häufig passiert ist? Sie wollen einfach nur wissen, wie ihr Trinkwasser beschaffen ist? Dann sollten Sie Ihr Trinkwasser untersuchen lassen. Damit nichts schief geht, ist es empfehlenswert, die nachfolgenden Punkte beim Umgang mit dem Untersuchungsinstitut Ihrer Wahl zu beachten.

Wenn jemand ohne vorherige Absprache mit einer Probe in der Hand ein Untersuchungsinstitut aufsucht und darum bittet, man möge die mitgebrachte Probe untersuchen, so ist er häufig enttäuscht, wenn man diesem Ansinnen nicht gleich in erwarteter Form nachkommt. Überrascht - meist unangenehm - ist der Betreffende, wenn man ihm die Kosten einer solchen Untersuchung mitteilt. Oft heißt es dann etwas verunsichert: „Ich will doch nur wissen, ob das Wasser in Ordnung ist. Das kann doch nicht so teuer sein!"

Derartige Begebenheiten ereignen sich immer wieder. Meist liegt dies an der fachlichen Unerfahrenheit der Auftraggeber. Die scheinbar recht einfache Frage, ob eine Probe gut ist oder schlecht, kann in dieser Form selbst das beste Untersuchungsinstitut nicht beantworten. Dies soll am folgenden Beispiel etwas näher erläutert werden:

7.2.1. Untersuchungsablauf einer Probe

- Erörterung, warum die Probe untersucht werden soll
- Festlegung, auf welche Stoffe die Probe untersucht werden soll
- Durchführung einer fachgerechten Probenahme
- Untersuchung auf die festgelegten Stoffe
- Beurteilung des Ergebnisses nach bestimmten Kriterien

Ein Verbraucher wohnt in einer schönen alten Villa aus der Zeit um 1900. Bisher lebte er glücklich und zufrieden. Doch dann las er in der Zeitung, dass Trinkwasserleitungen aus Blei, wie sie noch in alten Häusern vorkommen sollen, die Trinkwasserqualität beeinträchtigen könnten. Besorgt denkt er daran, sein Trinkwasser in einem Untersuchungsinstitut untersuchen zu lassen.

Der Verbraucher ruft beim städtischen Wasserwerk an und fragt, wer solche Trinkwasseruntersuchungen machen kann. Der Wassermeister gibt ihm die Adresse des Untersuchungsinstitutes, welches auch die Untersuchungen für das städtische Wasserwerk durchführt (die zuständigen Gesundheitsämter haben meist auch eine Liste zugelassener Untersuchungsinstitute). Der Verbraucher ruft daraufhin das Untersuchungsinstitut an und schildert sein Problem. Dort rät man ihm, eine Untersuchung auf Blei machen zu lassen. Gleichzeitig teilt man ihm die Untersuchungskosten und die Probenahmekosten durch einen Institutsmitarbeiter mit.

Der Verbraucher entschließt sich, die Probenahmekosten zu sparen und die Probe selbst zu entnehmen. Da er jedoch keine Probenahmeerfahrung hat, fragt er nach, auf was er bei der Probenahme achten müsse. Das Institut rät ihm, die Probe morgens nach dem Abstehenlassen des Wassers über Nacht ohne vorherige Spülung der Leitung zu entnehmen. Unter solchen Betriebsbedingungen seien ggf. die höchsten Bleiwerte zu erwarten. Wenn man allerdings repräsentativere Ergebnisse für die Bleiaufnahme über das Trinkwasser haben will, müsse man anders vorgehen. Für eine erste orientierende Untersuchung mit Angabe der Probenahmebedingungen reiche es aber. Da für Bleiuntersuchungen nicht jedes Flaschenmaterial geeignet sei, schicke man ihm eine geeignete Probenflasche zu. Die Versandkosten müsse er aber tragen. Weiterhin teilt man ihm mit, dass nach der neuen Trinkwasserverordnung auch die Probenahme akkreditiert sein muss. Wenn er zum Beispiel mit diesem Untersuchungsergebnis gerichtlich gegen seinen Vermieter vorgehen will, wird die Probenahme durch ihn selbst in der Regel nicht anerkannt. Vielmehr müsse er damit rechnen, dass die Probenahme und die Untersuchung nochmals wiederholt und auch bezahlt werden müssten.

Nach dem Erhalt der Probenflasche schreitet der Verbraucher zur Tat. Er hat zunächst Schwierigkeiten mit dem Ausfüllen des mitgeschickten Probenahmeprotokolls, da er einige der dort stehenden Wörter nicht kennt. Kurz entschlossen schreibt er einen handschriftlichen Begleitzettel, auf dem die wichtigsten Daten stehen:

7.2.2. Wichtige Probenahmedaten

- Adresse und Telefonnummer des Auftraggebers
- Probenahmedatum und Probenahmezeit
- Name des Probenehmers
- Genaue Bezeichnung der Probenahmestelle
- Probenahmebedingungen (z. B. Stagnationswasser über Nacht)
- Auf was untersucht werden soll (Problemstellung)

Nachdem er die Probe genau so entnommen hat, wie es vom Untersuchungsinstitut beschrieben wurde, verschließt er die Probenflasche gut, damit sie nicht während des Transports auslaufen kann. Anschließend verpackt er sie noch sorgfältig, um Transportschäden zu vermeiden.

Im Untersuchungsinstitut konnte im Rahmen der Nachweisgenauigkeit kein Blei in der Probe gefunden werden. Wäre etwas Auffälliges festgestellt worden, hätte das Institut unverzüglich zurückgerufen. Etwa ein bis zwei Wochen nach der Probenahme traf beim Auftraggeber der schriftliche Untersuchungs- bzw. Prüfbericht zusammen mit der Rechnung ein.

Im Bericht stand der Befund, dass kein Blei nachgewiesen werden konnte, der Trinkwassergrenzwert für Blei somit eingehalten wurde und die Probe bezüglich des Bleis nicht zu beanstanden ist. Damit war der Verbraucher wieder zufrieden.

7.2.3. Welche Parameter werden untersucht?

Betrachtet man den letzten Absatz noch einmal genauer, so stellt man fest, dass das Untersuchungsinstitut nicht geschrieben hat, die Probe sei gut. Es hat sich nur zu dem untersuchten Stoff „Blei“ geäußert. Angenommen, das betreffende Haus hätte kurz vor der Probenahme eine neue Kupferleitung bekommen und in der Probe wäre mehr Kupfer enthalten gewesen, als die Trinkwasserverordnung zulässt, dann hätte die Probe bezüglich des Kupfers beanstandet werden müssen. Da aber nicht auf Kupfer untersucht wurde, hätte man dies auch nicht feststellen können. Wahrscheinlich hätte das Untersuchungsinstitut auch eine Untersuchung auf Kupfer empfohlen, wenn der Verbraucher eine neue Kupferleitung erwähnt hätte.

Dies zeigt, wie wichtig eine genaue Schilderung der Verhältnisse bzw. der Problematik vor Ort gegenüber dem Untersuchungsinstitut ist, besonders wenn man die Probe selbst entnimmt und das Institut die örtlichen Gegebenheiten nicht kennt.

Wurde die Probe nicht fachgerecht entnommen, so sollte man von einem Untersuchungsinstitut keine Wunder erwarten. Selbst das beste Institut kann nur das untersuchen, was es an Probenmaterial geliefert bekommt. Aus diesem Grund ist es auch in den allermeisten Fällen empfehlenswert, die Probenahme durch ein Untersuchungsinstitut durchführen zu lassen. Als fachlich Unerfahrener ist man häufig nicht in der Lage, abzuschätzen, wo und wie man durch eine unsachgemäße Probenahme das Untersuchungsergebnis verfälschen kann. Wenn dann durch ein verfälschtes Untersuchungsergebnis ungeeignete, möglicherweise teure Maßnahmen ergriffen werden, dann hat man am falschen Ende gespart.

Wichtig ist es, zu wissen, dass alle offiziellen Untersuchungen einschließlich der Probenahme nach der Trinkwasserverordnung nur von dafür zugelassenen Instituten durchgeführt werden dürfen. Die Liste der zugelassenen Institute kann bei den jeweiligen Sozial- bzw. Gesundheitsministerien (Internet) eingesehen werden. Ansonsten kann man bei den Gesundheitsämtern nachfragen. Ist das von Ihnen gewählte Institut evtl. nicht in dieser Liste, so sollten Sie darauf achten, dass es bei den beabsichtigten Untersuchungen mit einem zugelassenen Institut kooperiert. Dann muss aber der Probenehmer für Trinkwasseruntersuchungen zugelassen sein. Ansonsten ist die Untersuchung möglicherweise wertlos.

7.2.4. Vertrauen gegenüber dem Untersuchungsinstitut

Es kommt immer wieder vor, dass Untersuchungsergebnisse, die zunächst nicht plausibel erscheinen, dem Untersuchungsinstitut als Untersuchungsfehler angelastet werden. Die Praxis zeigt aber, dass die meisten ungewöhnlichen Untersuchungsergebnisse jedoch auf besondere Vorkommnisse im Bereich des Untersuchungsgutes zurückzuführen waren.

Selbstverständlich kommen auch einmal in guten Labors Fehler vor. Wer aber seine Untersuchungen bei einem qualitativ hochstehenden zugelassenen Institut in Auftrag gibt, darf in der Regel auf die Untersuchungsergebnisse vertrauen.

7.2.5. Kleine Psychologie der Institutsmitglieder

Im Gegensatz zu den öffentlichen Wasserversorgern, die in regelmäßigem Kontakt zu den sie betreuenden Instituten stehen, wird mancher Privatverbraucher enttäuscht. Für den besorgten Verbraucher nämlich, der sich entschlossen hat, wegen eines echten oder vielleicht auch nur vermeintlichen Problemfalles ein Untersuchungsinstitut einzuschalten, ist dieses Problem sehr wichtig. Ganz anders sieht es mitunter in den Untersuchungsinstituten aus. Dort ist die Untersuchung solcher Probleme tagtägliche Routine, sodass in manchen Instituten bei manchen Mitarbeiterinnen oder Mitarbeitern eine gewisse Sensibilität für die Probleme einzelner Privatverbraucher abhandengekommen zu sein scheint. Bringen Sie dann Ihre Proben noch kurz vor dem Wochenende in das betreffende Institut, so zwingen Sie einige zur Wochenendarbeit, denn die Proben müssen je nach Untersuchungsumfang und Problemstellung meist schnell bearbeitet werden. Da Sie, wenn Sie Privatfrau oder Privatmann sind, vermutlich nach der Bearbeitung Ihres Problems auch keine Dauerkundin oder kein Dauerkunde des betreffenden Untersuchungsinstitutes werden, kann es durchaus einmal geschehen, dass Sie an Mitarbeiterinnen oder Mitarbeiter geraten, die nicht so auf Ihr Problem eingehen, wie Sie es nach Ihrer eigenen Beurteilung der Lage erwarten würden.

Versuchen Sie, in einer solchen Situation souverän und gelassen zu bleiben und zeigen Sie menschliche Größe. Bringen Sie Ihre Proben, wenn Sie es vertreten können, bis zur Wochenmitte und feilschen Sie nicht um ein paar Euro Untersuchungskosten, auch wenn das Feilschen sonst eine Ihrer Lieblingsbeschäftigungen sein sollte. Schließlich geht es bei den meisten Problemfalluntersuchungen auf dem Wassergebiet um Gesundheit und Wohl von Menschen, Tieren oder Pflanzen (also Lebewesen). Mit diesem Argument können Sie vielleicht auch weniger sensibilisierte Institutsmitglieder wieder motivieren. In echten Notfällen wird man Ihnen in den meisten Instituten sicherlich auch am Wochenende helfen. Dann müssen Sie möglicherweise aber auch damit rechnen, dass dies etwas mehr kostet.

7.2.6. Merken (aber bitte nicht allzu ernst nehmen)

Unsere jungen und dynamischen Mitarbeiterinnen und Mitarbeiter im Institut bevorzugen vor allem solche Proben:

- von denen die Auftraggeber selbst nicht wissen, was sie eigentlich damit wollen
- die schwierig zu analysieren sind
- die unsachgemäß entnommen, gelagert und transportiert wurden
- deren Untersuchung so gut wie nichts kosten darf
- deren Untersuchungsergebnis schon vor der Probenahme vorliegen sollte
- die möglichst mit Wochenenddienst verbunden sind

Wenn Sie kein Untersuchungsinstitut kennen oder finden, ist es in den allermeisten Fällen ratsam, das nächste öffentliche Wasserwerk anzurufen und dort nach einer Adresse zu fragen. Die Wasserwerke müssen in Deutschland ihr abgegebenes Trinkwasser entsprechend den Bestimmungen der Trinkwasserverordnung nämlich regelmäßig untersuchen lassen. Damit ist die Wahrscheinlichkeit sehr hoch, dass Sie die Adresse eines anerkannten und zugelassenen Untersuchungsinstitutes erhalten, welches auch in Ihrer örtlichen Region tätig ist.

Dies kann vor allem für die Probenahmekosten von Bedeutung werden, wenn das Institut die Probenahme durchführen soll und wenn es die Probenahmekosten anteilmäßig auf mehrere Auftraggeber verteilen kann.

7.3. Was tun bei Verbraucherbeschwerden?

Verbraucherbeschwerden können eine wichtige Hilfe bei der Aufdeckung von Missständen in der Trinkwasserversorgung sein. Daher tut ein Wasserwerker gut daran, diesen Beschwerden unverzüglich nachzugehen und dabei die folgenden drei Punkte aus der Trinkwasserverordnung zu berücksichtigen, die bereits weiter oben als die 3 Gebote für Trinkwassernotfälle bezeichnet wurden:

- unverzügliche Meldung an das Gesundheitsamt
- unverzügliche Maßnahmen zur Klärung des Sachverhaltes
- unverzügliche Maßnahmen zur Abhilfe

Vor allem die letzten beiden Punkte sind oft mit einem erheblichen Aufwand für das betreffende Wasserwerk verbunden. Es ist daher menschlich verständlich, wenn die Wasserwerker nicht bei jeder „Kleinigkeit" die entsprechenden Maßnahmen in die Wege leiten wollen. Doch was ist eine „Kleinigkeit"? Wann sind die Maßnahmen gerechtfertigt? Selbst wenn noch keine Grenzwertüberschreitungen nachgewiesen wurden, reicht der Trinkwasserverordnung bereits die Möglichkeit, dass solche Grenzwertüberschreitungen vorkommen können. Ist man im Zweifel, ob derartige nachteilige Veränderungen der Trinkwasserqualität zu befürchten sind, ist es immer besser, die entsprechenden Schritte in die Wege zu leiten.

Wichtig ist es aber, die gemeldete nachteilige Trinkwasserveränderung soweit zu lokalisieren, ob davon Teile der öffentlichen Wasserversorgung oder nur das Installationsnetz des Verbrauchers betroffen ist. Da die Möglichkeiten einer nachteiligen Veränderung des Trinkwassers sehr vielfältig sein können, ist es erforderlich, dass das Wasserwerk über ausreichend qualifiziertes Personal verfügt, um diese überhaupt feststellen zu können. Ansonsten muss das Wasserwerk Kontakte zu Institutionen aufnehmen, die im Bedarfsfall solches Personal ausreichend schnell Vorort senden können.

In diesem Bereich sind auch die Hauseigentümer gefordert. Melden die Bewohner eines Hauses ungewöhnliche Vorkommnisse in der Wasserversorgung des Hauses, so ist der Hauseigentümer genauso wie der öffentliche Wasserversorgunger verpflichtet, der Sache unverzüglich nachzugehen. Ein typischer Fall ist der, dass sich Bewohner beispielsweise über rostiges Wasser beklagen und der Hauseigentümer trotz mehrfacher Beschwerden nichts zur Aufklärung des Sachverhaltes unternimmt und keinerlei Maßnahmen zur Abhilfe trifft. Die Folge ist oft die, dass die Bewohner Mietkürzungen vornehmen wollen und der Fall schließlich vor Gericht landet.

7.4. Wie geht man bei Grenzwertüberschreitungen vor?

Sind konkret Grenzwertüberschreitungen festgestellt worden, ist die Vorgehensweise gemäß den Bestimmungen der Trinkwasserverordnung nach den drei oben genannten Punkten Pflicht. Da die Grenzwerte in der Trinkwasserverordnung aus Vorsorge grundsätzlich sehr niedrig gehalten sind, kommt es bei Überschreitungen sehr selten zu akuten Gesundheitsgefährdungen. Dies verleitet den einen oder anderen Wasserversorger, Grenzwertüberschreitungen zunächst nicht besonders kritisch zu bewerten. Wenn das Wasser sonst regelmäßig in Ordnung ist, vermuten sie erst einmal Probenahme- oder Analysenfehler. Es wird eine Nachuntersuchung veranlasst. Und erst, wenn deren Untersuchungsergebnis wieder zu einer Grenzwertüberschreitung führt, werden die oben genannten drei Punkte in die Wege geleitet. Wenn die Nachuntersuchungen allerdings ein gutes Ergebnis bringt, sieht man sich in seiner Vermutung auf Probenahme- oder Analysenfehler bestätigt.

Es kommen zwar auch einmal Fehler bei der Probenahme und im Labor vor, die Praxis zeigt aber, dass in den allermeisten Fällen irgendwelche Missstände an der Trinkwasserversorgung vorliegen. Da es in der Trinkwasserversorgung auch zu kurzfristigen Schwankungen in der Beschaffenheit des Trinkwassers kommen kann, führt das Abwarten auf Nachuntersuchungsergebnisse dazu, dass Missstände im Versorgungssystem lange nicht entdeckt werden. Ein solches Verhalten ist daher nicht nur gesetzwidrig sondern gefährdet obendrein auch noch die Gesundheit der Verbraucher.

Aus diesen Gründen ist es für einen Verantwortlichen in der Trinkwasserversorgung unerlässlich, auch bei einer einmaligen Grenzwertüberschreitung die oben genannten drei Punkte in die Wege zu leiten.

7.5. Das beste Wasser von Europa

Hört man so manchen Wasserversorger über sein Wasser berichten, sei es eine öffentliche Wasserversorgung, sei es eine private Wasserversorgung, so meint man oft, er habe das „beste Wasser von Europa". Eigenes Wasser ist oft Gold wert. Zumindest in der Psychologie des Inhabers. Dabei spielt es keine Rolle, ob in diesem Wasser immer wieder Beanstandungen auftreten beziehungsweise Grenzwerte überschritten werden. Ein wichtiges Kriterium für den Inhaber ist es dann, wenn er sagen kann, seine Großmutter habe dieses Wasser immer schon getrunken und sei weit über 90 geworden. Außerdem kenne er keinen, der an diesem Wasser je erkrankt oder gar gestorben sei. Diese eher humoristisch anmutende Argumentation wird tatsächlich immer wieder verwendet, um die gute Qualität des eigenen Wassers zu begründen.

Hören kann man solche Argumente insbesondere dann, wenn die Überwachungsbehörden einem Wasserversorger nach mehreren Grenzwertüberschreitungen versuchen, zu verdeutlichen, dass er entweder sein Wasser geeignet aufbereiten oder an eine andere Wasserversorgung anschließen muss.

Manchmal wird auch argumentiert, dass ein allzu keimfreies Trinkwasser die Verbraucher verweichlichen würde. Keime im Trinkwasser würden sie dagegen abhärten. Leider wird dabei vergessen, dass diejenigen, die nicht hart genug sind, vor allem Kleinkinder, Kranke und Alte, an solchem Wasser erkranken und im schlimmsten Falle sogar daran sterben können (siehe hierzu auch die Tabelle mit den Trinkwasserepidemien in Kapitel 4.8.). Derartige Experimente mit den Verbrauchern lässt die Trinkwasserverordnung auch nicht zu.

In dieses Kapitel gehören auch die vielen Brunnen im Land, an denen Mitbürger zum Teil in zahlreichen Kanistern ihr Trinkwasser abfüllen. Obwohl die wenigsten dieser Trinkwassernutzer etwas über die Zusammensetzung des betreffenden Brunnenwassers kennen, sind sie von der Qualität dieser Wässer überzeugt. Selbst wenn solche Brunnen keine Trinkwasserqualität aufweisen sollten und dies durch Untersuchungen bestätigt ist, sind die überzeugten Nutzer kaum davon abzuhalten, dieses Wasser weiterhin als Trinkwasser zu verwenden. In der Regel trinken sie dieses Wasser schon viele Jahre, ohne je irgendwelche Nachteile beobachtet zu haben. Im Gegenteil, weil sie von der Qualität dieses Wassers überzeugt sind, schmeckt es ihnen besonders gut. Und diese Meinung geben sie meist auch so weiter.

Diejenigen, die beabsichtigen, ein solches Wasser als Trinkwasser zu nutzen, sollten sich auch einmal um unabhängige Informationen zu diesem Wasser kümmern. In der Regel können die Gemeinden, auf deren Gemarkung ein solcher Brunnen steht, etwas dazu sagen. Befindet sich an dem betreffenden Brunnen ein Hinweisschild mit der Aufschrift „Kein Trinkwasser“, so ist von einer Trinkwassernutzung grundsätzlich abzuraten.

7.6. Was sind hausinterne Trinkwassernachbehandlungsanlagen?

Die Meinung, man könne das Trinkwasser aus dem Wasserhahn nicht mehr trinken, hat den Markt für hausinterne Trinkwassernachbehandlungsanlagen stark ansteigen lassen.

Installateure und Baumärkte erzielen auf diesem Sektor erstaunliche Zuwachsraten. Es gibt wohl kaum noch Verbrauchermessen, auf denen nicht gleich mehrere Anbieter derartige Anlagen vorstellen. Demzufolge ist es nicht verwunderlich, dass viele Verbraucher hausintern Trinkwasser-nachbehandlungsanlagen installieren.

Obwohl diese Anlagen in vielen Fällen sowohl in der Anschaffung als auch im Dauerbetrieb recht teuer sind, machen sich nur die wenigsten Verbraucher Gedanken darüber, ob diese Anlagen für ihre Zwecke überhaupt erforderlich und auch geeignet sind. Hier spielt die Psychologie und die Mundpropaganda eine außerordentlich große Rolle. Grundsätzlich kann man alles Wasser, das den Anforderungen der Trinkwasserverordnung genügt, als Trinkwasser sowohl für Erwachsene als auch für Kleinkinder unbedenklich verwenden. Es soll aber nicht verschwiegen werden, dass es in diesem Bereich durchaus auch zu Problemen kommen kann.

Baut jemand in seine Hausinstallation ein Gerät zur vermeintlichen Verbesserung der Trinkwasserqualität ein, so darf er dies nur, wenn sichergestellt ist, dass dies keine nachteiligen Rückwirkungen auf das öffentliche Leitungsnetz hat, und sei auch nur der unmittelbare Nahbereich betroffen. Die Geräte müssen dann ein Prüfzeichen einer öffentlich anerkannten Prüfstelle aufweisen (z. B. DIN-, DVGW- oder GS-Zeichen). Zu den DIN-Normen gehören auch die europäischen Normen (EN-Normen), die den Status einer deutschen Norm haben. Die KTW-Empfehlungen des früheren Bundesgesundheitsamtes (BGA) betreffen Kunststoffmaterialien im Trinkwasserbereich.

Anders als im Bereich öffentlicher Trinkwasserversorgungen sieht es bei Einzelwasserversorgungen aus. Erfüllen diese nicht die Anforderungen der Trinkwasserverordnung und kann mit einem vertretbaren Aufwand kein Anschluss an die öffentliche Trinkwasserversorgung hergestellt werden, so bleibt den Betreibern dieser Wasserversorgungen nichts anderes übrig, als eine geeignete Aufbereitung zu installieren. Doch Vorsicht: Hier sollte nicht der persönliche Geschmack sondern die Eignung der Anlage zur Lösung des anstehenden Problems das entscheidende Auswahlkriterium darstellen. In der Regel ist eine fachlich fundierte Beratung durch entsprechende Fachleute erforderlich. Abgesehen davon sind die Planung, die Installation und der Betrieb einer solchen Aufbereitungsanlage nach den Bestimmungen der Trinkwasserverordnung gegenüber dem Gesundheitsamt anzeigepflichtig.

Im Folgenden soll kurz auf die wichtigsten Funktionsprinzipien solcher Geräte bzw. Anlagen eingegangen werden, wie sie häufig von Verbrauchern oder bei kleinen Wasserversorgern verwendet werden. Die Liste erhebt keinen Anspruch auf Vollständigkeit. Das kann sie auch nicht, da ständig neue Geräte entwickelt und angeboten werden.

7.6.1. Ionenaustauscher

Die Ionenaustauscher beruhen auf dem Prinzip, dass positiv oder negativ geladene Teilchen (Ionen) dem Wasser entzogen und an geeignete Materialien gebunden werden. Als Ausgleich werden dann andere Ionen wieder in das Wasser zurückgegeben. Ein klassisches Beispiel für solche Ionenaustauscher sind Enthärtungsanlagen, bei denen Calcium- und Magnesiumionen gegen Natriumionen ausgetauscht werden. Calcium und Magnesium sind die Härtebildner des Wassers, Natrium dagegen nicht.

Man unterscheidet bei den Ionenaustauschern zwischen den sogenannten Kationenaustauschern, die nur positive Ionen (Kationen) wie zum Beispiel Calcium, Magnesium oder Kalium an sich binden können und den sogenannten Anionenaustauschern, die dies mit negativ geladenen Ionen (Anionen) wie zum Beispiel Chlorid, Nitrat oder Phosphat tun.

Ist ein solcher Ionenaustauscher erschöpft, weil er keine Ionen mehr anlagern kann, so muss er entweder regeneriert werden oder er landet im Hausmüll.

Neben dem Vorteil, unerwünschte Ionen gegen erwünschte bzw. tolerierbare Ionen auszutauschen, sind bei diesen Geräten auch Nachteile und Risiken möglich, die bei der Anschaffung eines solchen Gerätes berücksichtigt werden sollten.

Ist das Austauschermaterial erschöpft, kann es zu einer erhöhten Rückgabe der unerwünschten Ionen in das Trinkwasser kommen. In einem normalen Haushalt fehlt aber meistens eine direkte Kontrollmöglichkeit für diesen Zeitpunkt. Man ist also auf mehr oder weniger brauchbare Erfahrungen im Umgang mit diesen Geräten angewiesen. Steht das Wasser längere Zeit in den Geräten, so kann es verkeimen. Verwendet man dann Desinfektionsmittel, um diesem Problem zu begegnen, kam es bei unsachgemäßer Anwendung zu unzulässig hohen Desinfektionsmittelkonzentrationen kommen. Werden die beladenen Austauschermaterialien in den Hausmüll gegeben, führt dies zu einer zusätzlichen Belastung des Abfalls. Ionenaustauscher für das gesamte Haus schützen die Hausinstallation nicht vor Korrosionserscheinungen, wie das häufig vermutet wird. Oft wird als weiterer Nachteil der Ionenaustauscher auch angeführt, dass sie dem Trinkwasser lebenswichtige Mineralien in zu großer Menge entziehen würden (z. B. Calcium). Die Mineralienaufnahme durch das Trinkwasser spielt aber im Vergleich zu den anderen Nahrungsmitteln nur eine untergeordnete Rolle. Daher hält dieses Argument vielen Diskussionen nicht stand. Viele natürliche Trinkwässer enthalten nämlich nur sehr wenig Mineralien.

7.6.2. Aktivkohlefilter

Die sogenannte Aktivkohle wird aus organischen Materialien wie Steinkohle oder Torf durch Verkohlung und Reinigung gewonnen und gepresst. Sie besitzt durch ihre poröse Struktur eine riesige innere Oberfläche und kann dadurch organische Wasserinhaltsstoffe adsorbieren. Sie ist vor allem dafür geeignet, chlorierte Kohlenwasserstoffe, Schwebstoffe, Chlor, partikuläres Blei und viele Pestizide aus dem Wasser zu entfernen. Schwermetallionen und Nitrat dagegen werden nicht herausgefiltert.

Abb. 18: Aktivkohlefilteranlage in einem Wasserwerk

Die Nachteile der Aktivkohlefilter ähneln zum Teil denen der Ionenaustauscher. Ist ein solcher Filter voll beladen, können die angelagerten Stoffe wieder an das Wasser abgegeben werden. Im Extremfall können dann zeitweise im Wasser nach dem Aktivkohlefilter höhere Konzentrationen eines Schadstoffes gemessen werden als vor dem Filter. In der Regel besitzt ein Haushalt nicht die Kontrollmöglichkeiten eines öffentlichen Wasserwerks, sodass derartige Durchbrüche von Schadstoffen in die Hausinstallation meistens unbemerkt bleiben. Weiterhin bilden Aktivkohlefilter mitunter hervorragende Nährböden für Mikroorganismen. In Wässern, die in Haushalten durch solche Aktivkohlefilter gefiltert wurden, konnten schon Keimzahlen festgestellt werden, die den Trinkwassergrenzwert um mehr als das 100 fache überschritten. In den Wasserwerken spielt diese Gefahr in der Regel keine Rolle, da sie das Wasser gegebenenfalls nachdesinfizieren können. Dies ist in den Haushalten meist nicht möglich.

Modernere Aktivkohlefilter für die Haushalte haben aber häufig zusätzliche Desinfektionsmaßnahmen integriert. Aktivkohlefilter für die Haushalte sind im Prinzip zwar auch regenerierbar, wegen der kleinen anfallenden Mengen ist dies aber oft unwirtschaftlich, so dass das verbrauchte Filtermaterial in den meisten Fällen schließlich im Hausmüll landet.

7.6.3. Umkehrosmose

Die Umkehrosmose funktioniert nach einem Prinzip, welches in der Natur sehr häufig vorkommt. Halbdurchlässige Membranen, durch die nur Moleküle einer bestimmten Größe passen, trennen unterschiedliche Konzentrationen. In den Zellen der Organismen werden auf diese Weise sehr viele Stoffe hinein- und hinaustransportiert. In den Haushalten werden Umkehrosmoseanlagen mit elektrischen Pumpen betrieben, die den erforderlichen Druck erzeugen, um das Wasser durch die Membranen zu drücken. Die unerwünschten größeren Moleküle bestimmter Inhaltsstoffe bleiben dann zurück. Dieses Verfahren ist sehr effektiv und kann viele Stoffe zurückhalten, darunter auch Nitrat, Phosphat oder Schwermetalle. Allerdings werden hierbei auch viele natürliche Wasserinhaltsstoffe herausgefiltert.

Wie die vorgenannten Verfahren hat auch die Umkehrosmose einige Nachteile. Dem Wasser werden lebenswichtige Mineralien entzogen, was aber durch die übrige Nahrungsaufnahme weniger von Bedeutung ist. Die Membranen sind gute Nährböden für Mikroorganismen. Zur Kontrolle des gefilterten Wassers wären regelmäßige Untersuchungen erforderlich, die aber in den Haushalten in aller Regel nicht stattfinden. Für die Herstellung eines Liters gefilterten Wassers benötigt eine Umkehrosmoseanlage häufig zwischen 3 - 25 Liter Trinkwasser. Hier sollte bei einer Anschaffung auch auf die Effektivität einer solchen Anlage geachtet werden.

7.6.4. Destilliergeräte

Destilliergeräte arbeiteten mit Heizelementen, die Trinkwasser erhitzen. Der Dampf kondensiert beim Abkühlen und wird als Destillat aufgefangen. Schadstoffe und Mineralien bleiben dabei zurück. So mancher Hersteller wirbt für diese Geräte mit dem Argument, der menschliche Körper könne im Wasser gelöste Mineralien nicht verwerten, diese würden im Körper dann abgelagert, eine Ablagerung im Körper erfolgt aber keineswegs.

Dagegen entzieht destilliertes Wasser dem Körper bekannterweise Mineralien, sodass der dauerhafter und überdurchschnittlicher Genuss von destilliertem Wasser zu einer Mineralunterversorgung führen kann, was aber bei mineralreicher Ernährung nur von geringer Bedeutung ist..

Die Nachteile von Destilliergeräten entsprechen denen von Umkehrosmoseanlagen (s. oben). Hinzu kommt der enorme Energieaufwand, der für die Gewinnung von einem Liter destillierten Wasser nötig ist (häufig über 0,7 kWh).

7.6.5. Dosieranlagen

Dosieranlagen setzen dem Trinkwasser mit Hilfe von Dosierpumpen Phosphat und/oder Silikatverbindungen zu. Damit soll das Wasser enthärtet und gleichzeitig Korrosionsvorgänge in der Hausinstallation vermindert werden. Tatsächlich erfolgt aber keine wirkliche Enthärtung des

Wassers, Calcium und Magnesium werden lediglich an das Dosiermittel gebunden und fallen dadurch nicht als Stein, sondern als Schlamm aus. Bereits stattfindende Korrosionsvorgänge in Hausinstallationen werden bei korrekter Anwendung geeigneter Chemikalien häufig vermindert, vollständig vermieden werden sie aber meistens nicht.

Bei sehr harten Wässern und im Heißwasserbereich über 60 °C, also im wichtigsten Wirkungsbereich, lässt die Effektivität der Dosieranlagen häufig nach. Der Korrosionsschutz ist außerdem nicht für alle Rohrmaterialien gewährleistet, so z. B. nicht für Kupferrohre.

7.6.6. Physikalische Wasserbehandlung

Ohne den Zusatz von Chemikalien arbeiten physikalische Wasserbehandlungsgeräte, die sich in die Hausinstallation einbauen lassen. Die Wirksamkeit dieses verlockenden Angebots, Wasser ohne chemische Zusätze merklich zu entkalken, ist aber äußerst umstritten und außerdem auch unkorrekt. Untersucht man nämlich den Kalkgehalt vor und nach solchen Geräten, so ist er stets gleich. Vom Prinzip her wird der Kalk nicht aus dem Wasser entfernt, sondern seine Kristallgitterstruktur soll so verändert werden, dass er sich nicht mehr so leicht in den Rohrleitungen oder an anderen Stellen ablagert.

Mittels physikalischer Phänomene wie Magnetismus, elektrische Felder oder Elektromagnetismus soll eine Kalksteinbildung vermieden werden. Ein experimenteller Nachweis für den Erfolg solcher Verfahren konnte bisher trotz aufwändig er Langzeituntersuchungen von wissenschaftlicher Seite nicht erbracht werden.

Fragt man im Rahmen der Trinkwasserüberwachung diejenigen, die eine solche Anlage eingebaut haben, wie zufrieden sie damit seien, so bekommt man nahezu alle Antworten von „zufrieden“ bis „hinausgeworfenes Geld“. Da diese Anlagen aber offenbar auch nicht schädlich sind, auch wenn hin und wieder von Eintrübungen im Zusammenhang mit dem Einbau und der Inbetriebnahme solcher Geräte gesprochen wird, ist es empfehlenswert, sich einen Lieferanten mit ausreichend langer Rücknahmegarantie zu suchen. Dann hat man wenigstens, wenn der erwartete Erfolg nicht eintritt, keinen finanziellen Schaden.

Die Überprüfung solcher Geräte ist mit einfachen Wasseruntersuchungen nämlich nicht möglich. Wird die Beseitigung von Kalkablagerungen oder Verkrustungen innerhalb der Hausinstallation erwartet, so sind Passstücke zu empfehlen, die in vierteljährlichen Abständen ausgebaut, kontrolliert und wieder eingebaut werden können. Es kann durchaus ein halbes Jahr oder länger dauern, bis sich der erwünschte Erfolg einstellt. Länger sollte man aber erfahrungsgemäß nicht warten.

7.6.7. Mechanische Feinfilter

Der Einbau mechanischer Feinfilter direkt hinter der Wasseruhr einer Hausinstallation ist immer sinnvoll, da das vom Wasserwerk kommende Trinkwasser hin und wieder, vor allem nach Baumaßnahmen an den Rohrleitungen oder nach Rohrbrüchen, Feuerwehreinsätzen und Rohrnetzspülungen, größere Mengen an Schwebstoffen enthalten kann. Diese können zu frühzeitiger Korrosion der Wasserrohre, besonders in neuen Rohren, aber auch zum Verschluss der Wasserhähne beitragen. Als Korrosionsschutzmaßnahme hat ein solcher Filter allerdings nur dann seine volle Wirkung, wenn er bereits vor dem ernsten Befüllen des Hausinstallationsnetzes in Betrieb war.

Für den Einbau von Neuanlagen sind solche Feinfilter bereits vorgeschrieben. Für die Abmessungen des Filters, insbesondere der oberen und unteren Durchlassweite, sind die Bestimmungen der DIN 19 632 zu beachten.

7.6.8. Wissenschaftler und Nichtwissenschaftler im Clinch

Bei den Trinkwassernachbehandlungsanlagen treten die unterschiedlichen Meinungen von Wissenschaftlern der klassischen Art und Nichtwissenschaftlern besonders deutlich Zutage. Während die Wissenschaftler der klassischen Art sich bemühen, bei der Prüfung neu entwickelter Trinkwassernachbehandlungsanlagen den derzeitigen Kenntnisstand der Wissenschaft und die derzeit geltenden gesetzlichen Bestimmungen zu berücksichtigen, werfen ihnen die Nichtwissenschaftler vor, gegenüber Innovationen und neuen Erkenntnissen die Augen zu verschließen. Noch schlimmer ist es, wenn ihnen der Vorwurf gemacht wird, sie stecken mit den etablierten Herstellern von Trinkwassernachbehandlungsanlagen unter einer Decke und wollten konkurrierende Innovationen durch zu hohe Anforderungen bei den Zulassungsverfahren vom Markt ausschließen.

Manche Entwickler sind so von ihren Ideen und Anlagen überzeugt, dass sie es nicht einmal für nötig halten, dass Funktionsprinzip ihrer Anlagen nach irgendwelchen bekannten biologischen, chemischen oder physikalischen Mechanismen zu erklären oder gar Prüfverfahren zu entwickeln, mit denen man die Funktion der Geräte nachvollziehbar überprüfen könnte. Selbst empirische wenigstens statistisch nachvollziehbare bzw. abgesicherte Untersuchungen werden nicht vorgelegt. Was Wissenschaft und Statistik nicht belegen kann, wird dann durch die Aufzählung einer Reihe zufriedener Kunden belegt. Je bekannter oder klangvoller die Namen der zufriedenen Kunden oder Institutionen sind, um so besser.

Wer seine Geräte oder Anlagen auch ohne offiziell anerkanntes Prüfzeichen verkaufen will, bedient sich bei den heute vielfach misstrauischen Verbrauchern einiger psychologischer Tricks. Er lässt sich ein offizielles Prüfzeichen für eine weniger wichtige Teilfunktion seines Gerätes geben und stellt es dann so dar, als gelte das Prüfzeichen für die gesamte Funktion des Gerätes. Eine weitere ziemlich erfolgreiche Methode ist es, wenn wissenschaftlich bekannte oder erwiesene Tatsachen in der Darstellung mit wissenschaftlich fragwürdigen Sachverhalten vermischt werden und dadurch der Verbraucher den Eindruck erhält, alles sei wissenschaftlich abgesichert. Es ist durchaus sinnvoll, vorgelegte Zertifikate etwas genauer anzusehen und zu prüfen, für welche Funktion oder gar nur Teilfunktion das Zertifikat überhaupt erteilt wurde.

Man kann also den Verbrauchern nur empfehlen, weiterhin misstrauisch zu sein und seinen gesunden Menschenverstand einzusetzen. Im Zweifelsfall hat den größten Schaden immer wieder der Verbraucher. Er hat sein Geld für ein nicht oder nicht richtig funktionierendes Gerät ausgegeben und muss ggf. evtl. Sanierungskosten für entstandene Schäden zusätzlich tragen. Den entstandenen Ärger kann man finanziell gar nicht beziffern.

7.6.9. Bewertung der Trinkwassernachbehandlung

Bevor man eine Beurteilung der auf dem Markt angebotenen Wassernachbehandlungsgeräte und -filter vornimmt, muss eine wichtige Tatsache vorweggeschickt werden: Trinkwasser in Deutschland unterliegt gesetzlichen Bestimmungen, die sicherstellen, dass es bei der Übergabe an den Kunden Lebensmittelqualität besitzt, die bestmöglich überwacht und kontrolliert wird und keiner weiteren Behandlung bedarf. Der Einsatz von Wasserfiltern und anderen Anlagen mit Ausnahme von mechanischen Feinfiltern ist folglich für eine Verbesserung der Trinkwasserqualität bei öffentlichen Wasserversorgungsanlagen in der Regel nicht erforderlich. Da, wo die Anforderungen der Trinkwasserverordnung noch nicht erfüllt sind, zum Beispiel bei kleinen Einzel- oder Eigenwasserversorgungsanlagen, oder da, wo besondere Eigenschaften an die Qualität des Trinkwassers gestellt werden, kann man über die Installation der angesprochenen Anlagen diskutieren.

Folgende Aspekte machen über die meist fehlende Notwendigkeit solcher Geräte hinaus aber auch deutlich, dass ihr Einsatz aus hygienischer Sicht eher nicht empfohlen werden kann: Durch ungünstige Betriebsbedingungen oder den nicht fachgerechten Betrieb kann durch Filter und sonstige Anlagen die Qualität des Trinkwassers nachteilig beeinflusst werden, wie die weiter oben bereits erwähnten Nachteile, die in der Trinkwasserüberwachung auch immer wieder festgestellt werden, zeigen. In mehreren Untersuchungen wurde nachgewiesen, dass gefiltertes oder sonst behandeltes Wasser nicht immer den Ansprüchen der Trinkwasserverordnung genügt. In diesen Fällen haben die genannten Trinkwassernachbehandlungsanlagen die Trinkwasserqualität also eher verschlechtert als verbessert.

In der Regel werden die Geräte direkt vom Wasserabnehmer betrieben und unterliegen dadurch keiner weiteren Kontrolle. Die Qualität des behandelten Wassers kann damit nicht überwacht werden. Als verderbliches Nahrungsmittel darf Trinkwasser nur begrenzte Zeit in seinem Transportsystem, also v. a. der Hausinstallation verweilen, damit seine Qualität nicht beeinträchtigt wird. Denn vorgeschaltete Wasserbehandlungsanlagen können diesen Anspruch oft nicht ohne weiteres erfüllen.

Eine generelle Verbesserung der Trinkwasserqualität wäre also für den Einsatz von Filtern und Anlagen nicht immer das überzeugendste Argument. Allenfalls könnten in Einzelfällen als unangenehm empfundene Geruchs- und Geschmacksstoffe (z. B. Chlor) entfernt oder eine, aus gesundheitlicher Sicht nicht erforderliche, Härtereduzierung oder andere Anforderungen erreicht werden. Die damit verbundenen Risiken wären aber immer mit dem zu erwartenden Nutzen abzuwägen und rechtfertigen nach Ansicht der meisten Wissenschaftler den Einsatz dieser Geräte und Anlagen mit Ausnahme des mechanischen Feinfilters eher nicht oder nur in besonderen Ausnahmefällen.

Sollte dennoch die Entscheidung für ein solches Gerät ausfallen, dann wäre darauf zu achten, dass es den Bestimmungen des § 12 Abs. 4 der Verordnung über „Allgemeine Bedingungen für die Versorgung mit Wasser (AVBWasserV)“ entspricht. Dort heißt es: Es dürfen nur Materialien und Geräte verwendet werden, die entsprechend den anerkannten Regeln der Technik beschaffen sind. Ein Zeichen einer anerkannten Prüfstelle, zum Beispiel DIN-, DVGW- oder GS-Zeichen, zeigt, dass diese Voraussetzungen erfüllt sind.

Man ist auch gut beraten, wenn man sich schriftliche Ausführungen darüber geben lässt, wie das betreffende Gerät auf die mikrobiologischen, chemischen, physikalischen, geruchlichen und geschmacklichen Eigenschaften des Trinkwassers einwirkt. Gibt das Gerät irgendwelche Stoffe in das Trinkwasser ab, so sollten diese nach Art und Menge benannt sein. Deshalb erscheint es dringend empfehlenswert, direkt vor und nach der Anlage geeignete Probenahmemöglichkeiten (Zapfhähne) zu schaffen, um jederzeit die Arbeitsweise dieser Anlagen sowohl in mikrobiologischer als auch in chemisch-physikalischer Hinsicht überprüfen zu können. Weiterhin sollte auf seriöse Anbieter geachtet werden. Wer in Regionen, in denen das Trinkwasser von Natur aus fast keinen Kalk enthält oder in denen die Härte zentral im Wasserwerk deutlich reduziert wird, Enthärtungsanlagen verkaufen will, muss sich die Frage nach seiner Seriosität gefallen lassen.

7.7. Sind Regenwasser und Hausbrunnen in der Hausinstallation eine gute Alternative?

In der heutigen Zeit spielt auch die Umweltpolitik bei der Trinkwassernutzung eine sehr große Rolle. Obwohl Deutschland kein Land ist, das unter Wasserknappheit leidet, werden erhebliche Anstrengungen unternommen, um wertvolle Trinkwasserressourcen zu schonen. Die Argumente sind vielfältig und widersprechen sich teilweise völlig. Dementsprechend unterschiedlich handeln auch die Städte und Gemeinden. In manchen Bereichen wird die Nutzung des Regenwassers in der Hausinstallation von öffentlicher Seite verurteilt, in anderen Bereichen wiederum unterstützen die Gemeinden die Nutzung mit Zuschüssen.

Besucht man Verbrauchermessen und Baumärkte oder stöbert man im Internet, so findet man ein großes Angebot an Regenwassernutzungsanlagen mit dem vielfältigsten Zubehör. Grundsätzlich wäre ja nichts dagegen zu sagen, wenn jemand für Zwecke wie die Toilettenspülung, die nun wirklich nicht unbedingt Trinkwasserqualität benötigt, Regenwasser oder andere Hausbrunnen, die keine Trinkwasserqualität aufweisen, verwendet. Es sollten aber auch keine Krankheitserreger darin enthalten sein. Leider wissen die wenigsten Verbraucher, welches Gefahrenpotenzial für die öffentliche Trinkwasserversorgung in der Nutzung von Regenwasser und Hausbrunnen steckt. Sie kennen weder die in diesem Bereich bestehenden Vorschriften, noch kennen sie sich fachlich aus. So geschieht es häufig, dass sie solche Anlagen selbst installieren und dabei, es könnte ja einmal längere Zeit nicht regnen, illegale Querverbindungen zwischen dem öffentlichen Trinkwasser und ihren Nichttrinkwasseranlagen herstellen.

Die Installation solcher Anlagen im Haus ist nach der Trinkwasserverordnung meldepflichtig. Kontrolliert das Wasserwerkspersonal einmal solche angemeldeten Anlagen, so stellen sie relativ häufig illegale Querverbindungen fest.

Somit sind die meisten Wasserwerker weniger gegen die Regenwassernutzungsanlagen oder die eigenen Hausbrunnen als gegen die Aktivitäten der Hausbesitzer, die meinen, sie bräuchten für diese Installationen kein fachlich qualifiziertes Personal oder keine entsprechende Beratung.

Die unzulässigen Verbindungen zwischen Trinkwasser und Nichttrinkwasser werden oft fahrlässig oder sogar vorsätzlich hergestellt. Sie stellen Ordnungswidrigkeiten dar und können entsprechend geahndet werden. Wer durch Nichttrinkwasser vorsätzlich oder fahrlässig Krankheitserreger in das öffentliche Trinkwasserversorgungsnetz einbringt und dadurch die Gesundheit der Bevölkerung gefährdet, begeht nach dem Infektionsschutzgesetz sogar eine strafbare Handlung. Nach Untersuchungen über Magen-Darm-Entzündungen in den Jahren 1975 bis 1991 in Skandinavien gingen etwa 20 % der Erkrankungen auf illegale Querverbindungen von Trinkwasser und Nichttrinkwasser zurück. Von 30 bei den Stadtwerken Düsseldorf angezeigten Regenwasseranlagen waren 28 nicht nach den gängigen Sicherheitsempfehlungen ausgeführt. Nach nicht veröffentlichten Angaben der Frankfurter Gesundheitsbehörden sollen über die Hälfte der untersuchten Regenwassernutzungsanlagen im Stadtgebiet trotz intensiver Betreuung unzulässige Querverbindungen zum Trinkwasser aufgewiesen haben. Ein solcher Fall im Jahre 2005 in einer süddeutschen Stadt hatte Schadensersatzforderungen zwischen 60.000 und 70.000 € zur Folge. Da kann man nur jedem Betreiber einer derartigen Anlage empfehlen, sich gut zu versichern. Zumindest sollte die eigene Haftplichtversicherung geprüft werden, ob dieses Risiko abgedeckt ist. Die meisten Hausbesitzer, die die Anlagen installieren und betreiben, haben oft viel zu geringe fachliche Kenntnisse, um das Gefährdungspotenzial ihrer Anlagen einschätzen zu können. Der gesunde Menschenverstand ist in diesem Falle völlig unzureichend. Selbst gewerbliche Installateure machen hier immer wieder Fehler.

Offenbar sparen die Eigentümer solcher Anlagen hier an der falschen Stelle auf Kosten der Gesundheit anderer. Das größte Gefährdungspotenzial dürfte bei den Dachablaufwässern die mikrobiologische Verunreinigung durch den auf den Dächern vorhandenen Aufwuchs und den eingetragenen Vogelkot darstellen. Hier spielen Campylobacter-Bakterien, Cryptokokken, Clamydien und Salmonellen eine Rolle. Werden die Dächer auch von Kleinsäugern wie Katzen, Mardern u. Ä. betreten, können auch Mikroorganismen wie weiter unten bei den eigenen Hausbrunnen beschrieben, eine Rolle spielen. Über die Verbreitung von Stäuben durch den Wind werden auch Stoffe wie Asbest, Pestizide und Blei im Dachablaufwasser gefunden.

Die nachfolgende Tabelle zeigt mögliche Krankheiten bzw. Krankheitsbilder der oben genannten Mikroorganismen. Sie erhebt keinen Anspruch auf Vollständigkeit und bedeutet auch nicht, dass die genannten Krankheiten auch regelmäßig über das Dachablaufwasser ausbrechen. Sie zeigt aber, dass man im Umgang mit dem Dachablaufwasser eine gewisse Vorsicht an den Tag legen sollte. So kann es z. B. auch zu Sekundärinfektionen kommen, wenn man Lebensmittel oder Gegenstände, die mit Lebensmitteln in Berührung kommen, mit Dachablaufwasser behandelt. Geraten auf diese Weise z. B. Salmonellen auf Lebensmittel und können sie sich auf diesen vermehren, so kann sich die Anzahl der Salmonellen so weit erhöhen, dass es bei dem Verzehr der betroffenen Lebensmittel zu einer Infektion, zu Erkrankungen oder schlimmstenfalls sogar zu Todesfällen kommt.

Die Viren der neuerdings in die Diskussion geratenen Vogelgrippe werden übrigens zu einem Großteil auch über den Vogelkot ausgeschieden. Ob dieser Sachverhalt einmal bei den Dachablaufwässern eine Rolle spielen wird, ist noch nicht bekannt. Auf jeden Fall könnte es für die Verbraucher, die in ihrer unmittelbaren Umgebung eine Regenwassernutzung in der Nachbarschaft kennen, unbehaglich werden.

Gefährdungen durch Mikroorganismen aus dem Dachablaufwasser	
Mikroorganismen	**Mögliche Krankheiten bzw. Krankheitsbilder**
Campylobacter	Durchfallerkrankungen
Cryptokokken	Lungenkryptokokkose, Hirnhautentzündung; Die erregerbedingten Gehirnentzündungen sind meldepflichtig. Allgemeine Symptome sind meist Kopfschmerzen, oft in der Stirn- und Augengegend, Benommenheit, Störungen des Schlaf-wach-Rhythmus, Erbrechen, Lichtscheu, Gliederschmerzen sowie manchmal Lähmungen einzelner Hirnnerven, epileptische Anfälle und erhöhter Hirndruck.
Chlamydien	Ornithose, Psittakose, Papageienkrankheit; Symptome sind Schläfrigkeit, Appetitlosigkeit, Schwäche, Durchfall, Lähmungs-erscheinungen und Krämpfe. Beim Menschen kommt es nach einer Inkubationszeit von 7 bis 18 Tagen zu grippeartigen Beschwerden oder zu einer hoch fieberhaften Bronchitis, Lungenentzündung und Herz-Kreislauf-Schwäche mit teils tödlichem Ausgang. Daneben gibt es symptomarme Formen. Die Behandlung erfolgt medikamentös mit Tetracyclinen, Makrolid-Antibiotika und Chinolonen. Verdachts-, Erkrankungs- und Todesfälle bei Mensch und Tier sind meldepflichtig.
Salmonellen	Salmonellose; Überträger der Salmonellen sind hauptsächlich Haustiere und daneben noch Menschen und Fliegen. Die Krankheitserreger werden oral aufgenommen, üblicherweise über kontaminierte Nahrungsmittel. Die Infektionsdosis ist relativ hoch (10^6 Keime), sodass die Krankheitserreger in geringer Menge fast vollständig von der Magensäure abgetötet werden und erst dann, wenn sie sich eine Weile auf dem kontaminierten Lebensmittel vermehren konnten, in größeren Mengen zu Infektionen führen. Die Salmonellen befallen den Dünndarm und bleiben in der Regel auf dieses Organ beschränkt. Nur bei abwehrschwachen Personen kann es zu einem Übergreifen der Krankheit auf andere Organe kommen. Ein bis zwei Tage nach der Salmonelleninfektion treten die typischen Symptome auf: akuter Brechdurchfall in Kombination mit hohem Fieber. Die Darmsymptome klingen nach einigen Tagen ab, und die Krankheit heilt auch ohne Behandlung rasch aus. Die Sterblichkeitsrate ist recht gering: Von 140.000 registrierten Salmonellosen in Deutschland im Jahre 1993 endeten 133 tödlich, das entspricht ca. 0,1 %.

Tabelle.: Gefährdungen durch Mikroorganismen aus dem Dachablaufwasser

Wenn sie sich darauf verlassen müssen, dass die Nachbarn ihre Regenwassernutzungsanlagen auch ordnungsgemäß installiert haben und auch regelmäßig warten und pflegen, brauchen sie sehr viel Vertrauen zu ihren Nachbarn.

Werden Vögel auch im unmittelbaren Einzugsgebiet einer Hausbrunnenanlage gehalten, besteht dort möglicherweise eine ähnliche Gefahr. Hier soll zwar nicht generell schwarz gemalt und die Regenwassernutzung oder die Verwendung eigener Hausbrunnen generell verteufelt werden, der Leser sollte aber motiviert werden, derartige Anlagen so zu konzipieren und auszuführen, damit er seine eigenen Angehörigen und seine Nachbarn nicht gesundheitlich gefährdet. Um auch eine indirekte Übertragung auf den Menschen über die Geflügelhaltung und den direkten Kontakt mit Geflügel zu vermeiden, sollte man das empfindliche Geflügel nicht mit Wasser tränken, das mit Vogelkot verunreinigt sein könnte.

Wie zahlreiche mikrobiologische Untersuchungen in eigenen Brunnen zeigen, gibt es dort statistisch gesehen relativ viele Beanstandungen. Etwa ein Drittel bis die Hälfte der Untersuchungsergebnisse entsprechen nicht den Anforderungen der Trinkwasserverordnung. Bei den Beanstandungen fallen gemäß dem Untersuchungsspektrum erhöhte *Koloniezahlen*, *coliforme Keime*, *Escherichia coli*, *Enterokokken* und *Clostridium perfringens* auf.

Im Gegensatz zu den Dachablaufwässern, bei denen die Fäkalien der Vögel eine große Rolle spielen, sind bei den eigenen Brunnen die Ausscheidungen der Landwirbeltiere (vornehmlich Säugetiere) und des Menschen von Bedeutung. Das liegt vor allem daran, dass im Einzugsgebiet der eigenen Brunnen eher oberflächennahe schlecht gefilterte Grund- und Quellwässer sowie undichte Abwasserleitungen von Relevanz sind. Die nachfolgende Tabelle zeigt die Bedeutung einiger Mikroorganismen, die bei Untersuchungen eigener Brunnen immer wieder gefunden werden.

Gefährdungen durch Mikroorganismen aus eigenen Brunnen	
Mikroorganismen	**Bedeutung, mögliche Krankheiten bzw. Krankheitsbilder**
Koloniezahlen	Allgemeinhygienische Bedeutung, teilweise Lebensmittelverderb
Coliforme Keime	Teilweise Fäkalindikatoren, Indikatoren für Mängel in der Aufbereitung oder im Verteilungsnetz (z. B. Biofilme)
Escherichia coli	Fäkalindikatoren; Die meisten *Escherichia coli* sind harmlose Darmbewohner. Doch gibt es zwischenzeitlich auch potenziell pathogene Vertreter. Dabei handelt es sich um Stämme, die durch Aufnahme weiterer genetischer Informationen zu Krankheitserregern geworden sind. Dazu gehören enteropathogene *E. coli* (EPEC), enterotoxinogene *E. coli* (ETEC), enteroinvasive *E. coli* (EIEC) und enterohämorrhagische *E. coli* (EHEC). Werden nach Störfällen in der Trinkwasseraufbereitung und –verteilung *Escherichia coli* nachgewiesen, ist das Vorhandensein potenziell pathogener Stämme nicht auszuschließen. Bei ungünstigen Bedingungen kann es sogar zu Todesfällen kommen.
Enterokokken	Fäkalindikatoren
Clostridium perfringens	Indikator für *Cryptosporidien* und *Giardien*, wobei die Indikatorfunktion nicht eindeutig ist. Beim Menschen wird durch *Cryptosporidien* und *Giardien* vorwiegend der Dünndarm betroffen und die Krankheiten äußern sich meist in mehr oder weniger starkem Durchfall. Die Schwere des Krankheitsverlaufes ist sehr stark abhängig von der Konstitution des Erkrankten.

Tabelle: Gefährdungen durch Mikroorganismen aus eigenen Brunnen

Auch hier erhebt die vorliegende Tabelle keinen Anspruch auf Vollständigkeit. Da die meisten untersuchten Mikroorganismen als Indikatoren für fäkale Verunreinigungen dienen, können praktisch alle Krankheitserreger, die über Fäkalien verbreitet werden, eine Rolle spielen.

Wie bei den Dachablaufwässern gibt es auch bei den eigenen Brunnen Gefährdungen durch chemische Stoffe. Diese hängen sehr stark von den Eigenheiten des Einzugsgebietes ab. Im landwirtschaftlich genutzten Einzugsgebiet sind hauptsächlich Nitrat und Pflanzenschutzmittel von Bedeutung. Im gärtnerisch bewirtschafteten Bereich kommen ebenfalls Dünger, Spritzmittel aber auch Gifte gegen Ungeziefer in

Frage. In industriellen Gewerbegebieten, Siedlungsgebieten und im Verkehrsbereich spielen wieder andere Stoffe eine Rolle (z. B. Lösemittel, Reinigungsmittel, Streusalz u. Ä.). Theoretisch gibt es so viele Möglichkeiten, dass kaum eine einigermaßen sichere Prognose für die in Frage kommenden Stoffe abgegeben werden kann.

7.8. Fühle ich mich mit meinem Trinkwasser wohl?

Wer dieses Buch liest, wird feststellen, dass ich eher zu einer naturwissenschaftlichen Betrachtungsweise der Trinkwasserthematik neige als zu einer nichtwissenschaftlichen. Die Menschheit besteht aber nicht nur aus Menschen, die klassisch wissenschaftlich denken und fühlen, sondern wohl zum weit überwiegenden Teil aus Menschen, die mehr gefühlsmäßig oder intuitiv an die Trinkwasserthematik herangehen. Das bedeutet, man kann noch so viele wissenschaftliche Sachverhalte anführen, diese Menschen werden das Thema nach anderen Kriterien beurteilen als die Wissenschaftler. Da auch die nicht wissenschaftlich denkenden Menschen vollwertige Mitglieder unserer Gesellschaft sind, haben sie ein Anrecht darauf, dass sie entsprechend ernst genommen werden.

Die Konsequenz daraus ist, dass es wohl der Mehrheit unserer Mitmenschen egal ist, welcher Stoff in welcher Konzentration im Trinkwasser enthalten ist. Vielmehr wollen sie sich beim Genuss des Trinkwassers wohl fühlen. Und alle Dinge, die diesem Wohlfühlwunsch entgegenstehen, bereiten ihnen Unbehagen. Wenn also ein Wasserversorgungsunternehmen z. B. aus finanziellen Gründen nicht in der Lage ist, auf die Wünsche und Vorstellungen ihrer Verbraucher einzugehen, so sollten sie sich aber auch nicht quer stellen, wenn der eine oder andere Verbraucher selbst Maßnahmen trifft, um die von ihm gewünschte Wasserqualität zu erhalten, auch wenn dies über die Anforderungen der Trinkwasserverordnung hinausgehen sollte.

Ein klassisches Beispiel hierfür dürfte die Enthärtung eines sehr harten Wassers sein. Vor allem kleinere Gemeinden mit sehr hartem Wasser können es sich oft nicht leisten, eine zentrale Enthärtungsanlage zu installieren. Hier wäre es vielleicht sinnvoll, wenn das Wasserwerk ein Informationsblatt zusammenstellt, auf dem die Punkte angeführt sind, die für den Einbau einer hausinternen Enthärtungsanlage von Bedeutung sind, damit weder nachteilige Folgen für den Verbraucher noch Rückwirkungen auf das öffentliche Leitungsnetz entstehen. Die ortsansässigen Installateure sollten Anlagen mit zweifelhafter Wirkung erst gar nicht verkaufen und Anlagen empfehlen, die über die erforderlichen Prüfzeichen verfügen. Und die Verbraucher schließlich sollten die Empfehlungen der Wasserwerke und der Installateure auch beherzigen.

Erst das Zusammenwirken von Wasserwerk, Installateur und Verbraucher bietet die größte Gewähr, dass sich der Verbraucher beim Genuss und der Nutzung seines Trinkwassers wohl fühlt. Ein generelles Ablehnen von Trinkwassernachbehandlungsanlagen durch die Wasserwerke mag zwar in den meisten Fällen fachlich verständlich sein, dürfte aber in vielen Fällen dazu führen, dass der Verbraucher durch mangelnde Fachkenntnis auf zweifelhafte Angebote hereinfällt, er Nachteile erleidet und evtl. Rückwirkungen auf das öffentliche Versorgungsnetz zu befürchten sind. Hier ist auch das Verantwortungsbewusstsein der vielen Baumärkte gefragt, bei denen zahlreiche Heimwerker Materialien für Installationen und Regenwassernutzungsanlagen kaufen. Sie sollten über Personal verfügen, das fachlich kompetent beraten kann.

8. Tägliche Trinkwasserpraxis

In diesem Kapitel soll auf einige wichtige Punkte eingegangen werden, die in der täglichen Trinkwasserpraxis immer wieder von Bedeutung sind.

8.1. Trinkwasser für die Lebensmittelzubereitung

Eigentlich wäre dieses Kapitel unnötig, wenn das Trinkwasser an jedem Zapfhahn in der Hausinstallation die Qualität hätte, die das öffentliche Trinkwasser in der Regel am Wasserzähler aufweist. In der Praxis jedoch gibt es immer wieder Fälle, in denen durch hausinterne Vorgänge die Trinkwasserqualität innerhalb der Hausinstallation nachteilig verändert wird. Dies können zum Beispiel erhöhte Gehalte an Blei, Kupfer, Zink, Eisen oder Nitrit sowie geruchlich oder geschmacklich unangenehme Stoffe oder unzulässige Mikroorganismen sein. Wenn in solchen Fällen mit einem vertretbaren Aufwand keine schnelle Problemlösung möglich ist, man aber auf Trinkwasser für die Lebensmittelzubereitung nicht verzichten kann, muss man sich eine pragmatische Übergangslösung einfallen lassen.

Eine Lösung wäre es, das benötigte Wasser in Form von Mineralwasser o. ä. zu kaufen. Diese Lösung ist recht teuer und kann beschwerlich werden, wenn man das Wasser in die oberen Stockwerke größerer Häuser tragen muss.

Eine andere Lösung ist das Laufen lassen des Wassers am Zapfhahn, bis frisches Wasser aus der öffentlichen Versorgung kommt. Diese Methode kann auch teuer werden, wenn das Stagnationswasser aus langen Leitungen mit relativ großem Durchmesser gegen frisches Wasser ersetzt werden muss. Ein Laufen lassen für mehrere Minuten ist dann durchaus nicht selten.

Eine weitere Möglichkeit besteht darin, das benötigte Wasser in der Nähe des Wasserzählers in Kanister abzufüllen. Dabei ist auf saubere Kanister mit entsprechender Eignung für Lebensmittelzwecke zu achten. Das Tragen in obere Stockwerke kann aber ebenfalls beschwerlich werden. Werden die Kanister mehrere Tage nicht gereinigt oder stehen sie bei Zimmertemperatur längere Zeit, so neigen vor allem Kanister aus Kunststoff zu Verkeimungen. Dies kann sich manchmal in einem üblen Geruch oder Geschmack durch Stoffwechselendprodukte der Mikroorganismen bemerkbar machen. Existiert in der Nähe des Wasserzählers kein geeigneter Abfüllhahn, so müsste man dort einen installieren.

Handelt es sich nur um mikrobiologische Verunreinigungen, kann das für Lebensmittelzwecke benutzte Wasser auch abgekocht werden.

Geeignetes Trinkwasser in Nachbarhäusern abzufüllen oder über Wassertanks für Notfälle zu beziehen, dürfte die absolute Ausnahme bleiben.

Die genannten Notlösungen können in der Regel nur für kurze Zeit aufrecht erhalten werden. Daher ist es unbedingt erforderlich, die eigentliche Ursache für die schlechte Trinkwasserqualität schnellstmöglich abzustellen. Ist dies mit einem vertretbaren Aufwand nicht möglich, so kann die Installation einer geeigneten Trinkwassernachbehandlung sinnvoll sein. Die Auswahl einer solchen Anlage sowie deren Installation und Betrieb erfordern jedoch einige Sachkenntnisse. Das Ignorieren dieser Punkte kann zu größeren Problemen führen, als wenn es die Anlage gar nicht gäbe.

Je nach Konstruktion des Warmwasserbereiters kann die Qualität des Warmwassers schlechter sein als die des Kaltwassers. In vielen Fällen ist es daher empfehlenswert, kein Warmwasser für die Zubereitung von Lebensmitteln zu verwenden, auch wenn man die Energiekosten für die Erwärmung gerne eingespart hätte.

8.2. Welche ernährungsphysiologische Bedeutung hat Trinkwasser?

Durch seine besonderen physikalischen und chemischen Eigenschaften hat Wasser für alle Lebewesen und damit auch für den Menschen eine außerordentlich große Bedeutung als Lösungsmittel, Transportmittel, Kühlmittel, Reaktionspartner biochemischer Reaktionen und nicht zuletzt als Baustoff. Zu dieser Thematik hat u. a. auch H. Hekeser von der Universität Paderborn (siehe hierzu auch das Literaturverzeichnis) sehr viel Zahlenmaterial veröffentlicht.

Der Körper eines neugeborenen Menschen besteht zunächst zu 75 bis 80 % aus Wasser. Der normalgewichtige erwachsene Mann besteht zu ca. 60 % aus Wasser, die erwachsene Frau aufgrund des höheren Körperfettanteils zu 50 bis 55 %. Übergewichtige Frauen und Männer haben gegenüber Normalgewichtigen einen geringeren Anteil am Wassergehalt. Mit zunehmendem Alter sinkt der Wassergehalt weiter. Der tägliche Wasserumsatz liegt bei etwa 5 bis 6 % des Gesamtkörperwassers.

Das mit flüssigen und festen Nahrungsmitteln zugeführte Wasser wird zu rund 65 % im Dünndarm und zu rund 35 % im Dickdarm absorbiert. Die Wasserausscheidung läuft über Nieren, Haut, Lunge und Darm. Unter normalen Bedingungen liegt die Wasseraufnahme deutlich über dem Wasserbedarf. Der Wasserhaushalt wird durch den Durst und andere Regelsysteme gesteuert, wobei die Niere das Hauptregulationsorgan für den Wasserhaushalt ist. Für die Ausscheidung über den Harn durch die Niere benötigt der erwachsene Mensch mindestens 700 ml Wasser pro Tag. Etwa 350 ml gibt die Haut pro Tag als Wasserdampf ab. Über das Schwitzen kann der Mensch bis zu 4 l Wasser pro Tag verlieren. Die Abgabe über die Atemluft liegt bei etwa 350 ml proTag. Eine hohe Kochsalz- und/oder Proteinzufuhr hat eine stark erhöhte Wasserausscheidung zur Folge. Das Trinken von 500 ml Meerwasser würde z. B. zu einem zusätzlichen Wasserverlust von 300 ml Wasser führen, da für die Ausscheidung der Salze aus dem Meerwasser rund 800 ml Wasser erforderlich sind. Die durchschnittliche Wasserzufuhr des Menschen beträgt 1,5 bis 2,5 L Wasser pro Tag. Vom gesunden erwachsenen Menschen werden auch höhere Wasseraufnahmemengen gut ertragen, da die Nieren in der Lage sind, pro Stunde knapp 1 L auszuscheiden. Die maximal auch über längere Zeit erträgliche Flüssigkeitszufuhr liegt bei etwa 10 L pro Tag.

Der Wassergehalt des menschlichen Körpers wird sehr genau geregelt. Verliert der Körper mehr als 0,5 % seines Gewichts an Wasser (etwa 0,3 bis 0,4 L) bekommt man ein Durstgefühl. Flüssigkeitsverluste von nur 2 %, z. B. durch starkes Schwitzen oder starke Durchfälle, verringern bereits die körperliche und geistige Leistungsfähigkeit. Werden die Flüssigkeitsverluste nicht bald ausgeglichen, werden dem Blut und dem übrigen Körper Flüssigkeit entzogen. Das Blut fließt langsamer, und die Ausscheidung über die Niere erfolgt nicht mehr in ausreichendem Maße. Gleichzeitig ist die Versorgung der Muskulatur mit Sauerstoff und Nährstoffen vermindert. Eine Abnahme des Körperwassers um 3 % führt zu einem Rückgang der Speichelsekretion und Harnproduktion sowie zu Mundtrockenheit und Verstopfung.

Bei einer Abnahme um 5 % tritt ein erhöhter Puls auf und die Körpertemperatur steigt an. Schon nach 2 bis 4 Tagen ohne Wasserzufuhr bekommt man Übelkeit, Schwindelgefühle, Kopfschmerzen, Durchblutungsstörungen, Erbrechen und Muskelkrämpfe. Ein Wasserverlust von 10 % führt zur Verwirrung. Ein Wasserverlust von über 20 % führt zwangsläufig zum Tode infolge von Nieren- und Kreislaufversagen.

Mit zunehmendem Alter insbesondere bei sehr alten Menschen ist das Durstempfinden oft stark vermindert, was dazu führt, dass diese Menschen zu wenig trinken. Bei sehr warmen Temperaturen und starkem Schwitzen kommt es daher nicht selten zu Austrocknungserscheinungen, die sich durch die Austrocknung der Haut und Schleimhaut, geringerem Speichelfluss, Verwirrtheit, Bewusstlosigkeit und Kreislaufkollaps bemerkbar machen und in vielen Fällen einen Krankhausaufenthalt erfordern.

Die folgende Tabelle kann als Anhalt für die tägliche Zufuhr von Wasser unter normalen Lebensbedingungen betrachtet werden:

Alter	**Wasserzufuhr (1000 mi = 1 Liter)**	
	Getränke ml pro Tag	**feste Nahrung ml pro Tag**
Säuglinge		
0 - 3 Monate	620	-
4 -12 Monate	400	500
Kinder		
1 - 3 Jahre	820	350
4 - 6 Jahre	940	480
7 - 9 Jahre	970	600
10 - 12 Jahre	1.170	710
13 - 14 Jahre	1.330	810
Jugendliche und Erwachsene		
15 - 18 Jahre	1.530	920
19 - 24 Jahre	1.470	890
25 - 50 Jahre	1.410	860
51 - 64 Jahre	1.230	740
65 u. älter	1.310	680
Schwangere	1.470	890
Stillende	1.710	1.000

Tabelle: Alter und Wasserzufuhr beim Menschen

Für die Berechnung der Gesamtwasserzufuhr ist noch zusätzlich das Wasser (etwa 125 ml pro 1000 kcal) zu berücksichtigen, das beim Abbau der Nährstoffe (Kohlenhydrate, Fette, Proteine) entsteht. Der Wasserbedarf ist höher bei hohem Energieumsatz, Hitze, trockener und kalter Luft, hohem Kochsalzverzehr, hoher Proteinzufuhr und verschiedenen Erkrankungen (z. B. Fieber, Erbrechen, Durchfall). Bei starker körperlicher Anstrengung kann der tägliche Wasserbedarf das 3 bis 4-fache der in der Tabelle genannten Richtwerte betragen: In Extremfällen bis über 10 L pro Tag.

Jede sportliche Betätigung sollte mit einer ausgeglichenen Flüssigkeitsbilanz begonnen werden. Bei länger andauernden sportlichen Tätigkeiten (über 45 Minuten) sollten bereits während der Betätigung evtl. eingetretene Flüssigkeitsverluste ersetzt werden, um die körperliche Leistungsfähigkeit, Konzentration und Koordination aufrecht zu erhalten und um Kreislaufprobleme zu vermeiden.

Da bei geringer Nahrungsaufnahme das in festen Lebensmitteln enthaltene Wasser fehlt und auch weniger Oxidationswasser gebildet wird, muss in solchen Fällen (z. B. bei energiereduzierten Diäten oder Fasten) besonders viel Wasser aufgenommen werden.

Zur Deckung des Wasserbedarfs steht ein reichhaltiges Sortiment an Getränken zur Verfügung. Zunächst einmal das klassische Trinkwasser aus dem Leitungsnetz. Allen Getränken ist gemeinsam, dass sie ebenfalls Trinkwasser enthalten. Darüber hinaus beinhalten viele Getränke auch noch andere Stoffe, z. B. enthält Milch Proteine, Fette und Milchzucker, Bohnenkaffee und schwarzer oder grüner Tee Coffein, Fruchtsaft Vitamine und Mineralstoffe, Limonaden Zucker und Bier oder Wein enthält Alkohol. Diese zusätzlichen Inhaltsstoffe beeinflussen teilweise ebenfalls den Wasserhaushalt. So führen Coffein[1] und Alkohol zu einer vermehrten Harnproduktion. Entsprechende Getränke sind daher als Genussmittel und nicht als Durstlöscher anzusehen. In Österreich, Italien oder Frankreich ist es allgemein üblich und auch durchaus sinnvoll, zum Kaffee und Tee oder zu alkoholischen Getränken gleichzeitig Wasser zu trinken.

Besonders im Breitensport führt ein ungünstiges Trinkverhalten (zu wenig und zur falschen Zeit, Getränke mit ungünstiger Zusammensetzung) nicht selten zu Problemen. Der Arbeitskreis „Sport und Ernährung“ der Deutschen Gesellschaft für Ernährung e. V. (DGE) nennt in seinen Trinkempfehlungen für den Breitensport Trink- und Mineralwässer ohne oder mit wenig Kohlensäure sowie mit diesen Wässern verdünnte Fruchtsäfte als besonders geeignete Durstlöscher.

8.3. Mineralwasser als Trinkwasserersatz?

Viele Verbraucher, die man fragt, was sie denn eigentlich trinken, geben unumwunden zu, dass sie das Trinkwasser aus dem Wasserhahn gar nicht trinken. Sie schauen ganz ungläubig und fragen: „Ja, kann man denn das?" Selbst, wenn sie glauben, dass die Wasserwerke ordentliches Wasser liefern, trinken sie es nicht, weil es ihnen ganz einfach nicht schmeckt. Ursache des fehlenden erfrischenden Geschmacks sind oft die Hausinstallationen selbst. Lange Standzeiten erhöhen die Temperaturen oft soweit, dass die mineralärmeren Trinkwässer möglicherweise noch in Verbindung mit aus Korrosionsschutzgründen angehobenen pH-Werten oder zudosierten Phosphaten einfach fade schmecken. Lösen sich dann durch die langen Standzeiten Kupfer, Eisen oder andere Stoffe aus den verwendeten Rohrleitungsmaterialien, dann ist es ganz aus. Würden diese Verbraucher das Wasser so versuchen, wie es von der öffentlichen Wasserversorgung in der Nähe des Wasserzählers angeliefert wird, würden sie oft einen deutlichen geschmacklichen Unterschied bemerken.

Aber wer geht schon, vor allem in größeren Gebäuden, wo diese Probleme am häufigsten auftreten, wegen eines Glases Wassers in den Keller? Dann greift man eher zu etwas, was einem schmeckt. Und das ist in vielen Fällen Mineralwasser. Die Mineralwässer werden von ihren Herstellern oft wegen ihres wertvollen Mineraliengehaltes beworben. Darüber gehen die Meinungen aber auch vielfach auseinander, da ernährungsphysiologische Untersuchungen gezeigt haben, dass die lebenswichtigen Mineralien normalerweise zum allergrößten Teil über die feste Nahrung aufgenommen werden. Dies dürfte aber auch unerheblich sein, da die meisten das Mineralwasser wohl wegen des erfrischenden Geschmacks trinken.

Der Begriff „Mineralwasser“ wird von den meisten Verbrauchern für fast alles benutzt, was in sprudelähnlichen Flaschen angeboten wird. Dies ist jedoch nicht korrekt, weshalb die Unterschiede nachfolgend kurz erläutert werden sollen.

Trinkwasser wird überwiegend aus Grundwasser gewonnen. Es enthält eine Vielzahl an Mineralien und Spurenelementen aber oft nur in geringeren Konzentrationen. Trinkwasser ist das am besten und am meisten kontrollierte Lebensmittel. Die Schadstoff-Grenzwerte sind häufig deutlich schärfer als bei vielen anderen Lebensmitteln. Trinkwasser darf bzw. muss unter bestimmten Umständen nachgechlort, entsäuert, gefiltert oder anders behandelt werden, bevor es, unter ständiger Kontrolle bezüglich der Einhaltung der Grenzwerte durch die Gesundheitsämter, aus dem Wasserhahn laufen darf. Es ist auch Grundlage und Bestandteil vieler anderer Lebensmittel. Trinkwasser ist, wie der Name schon sagt, zum Trinken da. Es braucht dafür in der Regel nicht zusätzlich im Haushalt nachbehandelt oder aufbereitet zu werden. Die genauen Anforderungen sind in der Trinkwasserverordnung festgelegt.

Mineralwasser ist nichts anderes als Grundwasser, das im Vergleich zum Trinkwasser eine Mindestmenge an Mineralstoffen enthält. Es muss "ursprünglich rein", d. h. ohne weitere Aufbereitung trinkbar sein. Es darf also keine vom Menschen verursachte Verunreinigungen oder Schadstoffe enthalten, die erst noch herausgeholt werden müssen. Lediglich Eisen und Mangan, die es geologisch bedingt enthält, dürfen entfernt werden. Viele darin enthaltene Mineralien sind für den menschlichen Körper lebensnotwendig. Mit der normalen Mischkost bei der Ernährung nimmt der gesunde Mensch jedoch soviel Mineralien auf, dass er auch dann, wenn er nur Leitungswasser trinken würde, niemals einen Mineralstoffmangel erleiden würde. Die genauen Anforderungen sind in der Mineral- und Tafelwasserverordnung festgelegt.

Quellwasser muss seinen Ursprung in einem unterirdischen Wasservorkommen haben. Es darf nur direkt aus der Quelle abgefüllt werden. Die Qualität muss mindestens der Mineral- und Tafelwasserverordnung entsprechen. Die weiteren Anforderungen sind ebenfalls in der Mineral- und Tafelwasserverordnung festgelegt.

Tafelwasser wird aus Trinkwasser oder Mineralwasser hergestellt, das mit natürlichem Mineralwasser, Salzlösung oder Meerwasser versetzt worden ist. Tafelwasser darf in Behältnissen und Tanks abgefüllt werden. Die genauen Anforderungen sind in der Mineral- und Tafelwasserverordnung festgelegt.

Heilwasser ist kein Lebensmittel im eigentlichen Sinne, sondern ein Arzneimittel. Oft unterscheidet es sich allerdings in der Zusammensetzung wenig von den üblichen Mineralwässern. Es muss hinsichtlich seiner physiologischen Wirkung ein Prüfverfahren durchlaufen haben.

8.4. Geeignet für die Zubereitung von Säuglingsnahrung?

Im Zusammenhang mit verschiedenen Mineralwässern taucht immer wieder die Formulierung „geeignet für die Zubereitung von Säuglingsnahrung“ auf. Dann kaufen viele besorgte Eltern von Säuglingen diese Produkte und verwenden sie ausschließlich zur Zubereitung von Nahrung für ihre Säuglinge. Bei normalem Trinkwasser wird diese Formulierung nicht verwendet. Dies bedeutet nun nicht, dass normales Trinkwasser nicht für die Zubereitung von Säuglingsnahrung geeignet wäre. Normales Trinkwasser ist grundsätzlich zur Zubereitung aller Arten von Speisen und Getränken geeignet, also auch für die Zubereitung von Säuglingsnahrung.

Diese Formulierung ist vielmehr ein besonderer Begriff aus der Mineral- und Tafelwasserverordnung, der den Mineralwasserproduzenten die Möglichkeit bietet, wenn ihr Produkt besondere Eigenschaften aufweist, durch die Kennzeichnung mit dieser Formulierung besonders hervorzuheben. Eine ganze Reihe von Mineralwässern weist nämlich Gehalte an Mineralstoffen auf, die bei Säuglingen ernährungsphysiologische oder gesundheitliche Probleme hervorrufen können. Insbesondere könnte dies bei sehr hohen Sulfatgehalten vorkommen. Man sollte also im Trinkwasserbereich nicht die Beurteilungskriterien der Trinkwasserverordnung und der Mineral- und Tafelwasserverordnung durcheinander werfen.

8.5. Sprudel selbst herstellen?

Immer mehr private Haushalte erzeugen ihr Sprudelwasser selbst, indem sie Trinkwasser mit Kohlensäure versetzen. Mittlerweile besitzen schon über vier Millionen Haushalte einen Trinkwasser-Sprudler und die Tendenz ist weiter steigend. Doch wer so ein Gerät nutzt, sollte einige hygienische Grundsätze beachten. Die benutzten Flaschen, vor allem die aus Kunststoff, sollten regelmäßig gründlich gereinigt werden. Sie können bereits nach wenigen Tagen zur Verkeimung neigen. Werden sie längere Zeit nicht gereinigt, können sich sogar regelrechte Biofilme in ihnen bilden. Dies macht sich dann immer wieder in Geruchs- und Geschmacksbelästigungen bemerkbar. Auch sollten sich Verbraucher vor der Anschaffung eines Sprudlers über die Qualität ihres Trinkwassers informieren. Die öffentlichen Wasserversorger stellen solche Informationen üblicherweise zur Verfügung.

Wer aufgesprudeltes Leitungswasser statt Mineralwasser trinkt, spart nicht nur Geld, sondern erspart sich auch das lästige Kistenschleppen. Die Trinkwasser-Sprudler stehen deshalb hoch im Kurs. In diesem Zusammenhang sind die Abfüller von Mineralwasser sehr darum bemüht, unzulässige Falschbezeichnungen zu verhindern, ggf. auch unter Einschaltung der Gerichte. Seitdem dürfen die Hersteller von Sprudelgeräten den Begriff „Sodawasser“ nicht mehr ohne weiteres benutzen.

Auch wenn diesen Wässern der charakteristische Geschmack vieler Mineralwässer fehlt, reicht vielen Verbrauchern die Geschmacksverbesserung durch die Kohlensäure völlig aus. Zudem gibt es zwischenzeitlich eine Reihe von Zusätzen, die die so hergestellten Sprudelwässer zu „Saft-Schorle“ werden lassen.

8.6. Wie kann man Wasser sparen?

Wasser sparen ist immer wieder ein aktuelles Thema, vor allem bei den immer weiter steigenden Preisen für Wasser und Abwasser. Allzu viel Wasser sparen kann jedoch auch von Nachteil sein. Bei zu langen Stagnationszeiten innerhalb der Hausinstallation können vermehrt Korrosionserscheinungen auftreten und höhere Konzentrationen an Schwermetallionen wie Kupfer, Blei und Zink vorkommen. Dies betrifft vor allem Rohrleitungen mit zu groß dimensionierten Rohrdurchmesser. Auch in Häusern, in denen durch Auszug der Kinder die Anzahl der Verbraucher deutlich gesunken ist, gibt es deutlich mehr Stagnationszeiten.

Trotzdem ist das Wasser sparen in vielen Fällen sinnvoll. Deshalb sollen in den folgenden Kapiteln die wichtigsten Sparmaßnahmen erörtert werden.

8.6.1. Wasser sparen beim Baden, Duschen, Körperpflege

Wegen des geringeren Wasserverbrauchs sollte man das Duschen einem Wannenbad vorziehen. Für ein Vollbad benötigt man 150 – 180 Liter, für ein Duschbad dagegen nur 30 – 50 Liter. Während des Einseifens ist es sinnvoll, die Dusche abzustellen. Wer beim Zähneputzen einen Zahnputzbecher benutzt, spart ebenfalls Wasser. Generell sollte man auf Wasser sparende Einrichtungen achten.

8.6.2. Wasser sparen bei der Toilettenspülung

Wasser sparende Einrichtungen bringen sehr viel, wenn die Badausstattung erneuert werden soll. Die neuen Spülkastenmodelle sind z. B. mit einer Spartaste ausgerüstet, die eine Unterbrechung des Spülvorgangs ermöglicht. Die Wasserersparnis beträgt ca. 40% des Spülwassers, das entspricht ungefähr 18 Liter pro Person und Tag. Ähnliche Einsparungen lassen sich mit den neuen 6 Liter-WC-Toilettenbecken und Spülkästen erzielen. Es sollte dabei auf das Vorhandensein der Prüfzeichen geachtet werden. Man sollte aber nicht bei seinem „großen Geschäft“ die Spartaste verwenden, denn das könnte zur Verstopfung der Abwasserleitungen führen.

Wichtig ist es auch, die Spülkastendichtungen in regelmäßigen Abständen zu kontrollieren. Hierzu kann nach einer mehrstündigen Benutzungspause ein Blatt Toilettenpapier im WC-Becken in den Bereich des Spülkastenausflusses gelegt werden. Ein feucht werdendes Papier zeigt, dass der Spülkasten undicht ist und repariert werden sollte. Aus defekten Spülkästen können durchaus 20 Liter pro Stunde und mehr auslaufen.

8.6.3. Wasser sparen beim Geschirrspülen und Wäschewaschen

Man sollte immer die volle Geräteauslastung ausnutzen. Dabei spart man Wasser, Strom und Geschirrspülmittel. Beim Kauf eines neuen Haushaltsgerätes ist es empfehlenswert, auf die Angaben in Bezug auf Energie- und Wasserverbrauch zu achten. Für gering verschmutzte Wäsche oder für kleinere Füllmengen reichen in der Regel die Sparprogramme aus. Bei 95 °C-Programmen kann man auf die Vorwäsche verzichten. Auch wird das meiste Geschirr bei niedrigeren Temperaturen sauber.

Nur die wenigsten wissen, dass die klassische Handwaschmethode oft weniger umweltfreundlich ist, als die Geschirrspülmaschine. Für das Spülen von 12 Gedecken benötigt man zum Beispiel von Hand bis zu 50 Liter Wasser und 2,5 kWh Strom, um das Wasser zu erwärmen. Eine gute Geschirrspülmaschine braucht dafür nur etwa 19 Liter Wasser und 1,4 kWh.

8.6.4. Wasser sparen bei der Hausgartenbewässerung

Man sollte seinen Garten nur dann Bewässern, wenn es wirklich nötig ist und dabei die Bedarfsmengen der Pflanzen berücksichtigen. Das Umfeld der Pflanzen wie Betonplatten und Ähnliches braucht nicht gegossen zu werden. Das Gießen der Pflanzen ist am sinnvollsten, wenn es kühl ist, d. h. nicht tagsüber, sondern abends. Wer umweltbewusst denkt, verzichtet auf das Rasensprengen. Ein während der Trockenzeit gelb gewordener Rasen erholt sich wieder. Zur Gartenbewässerung reicht Regenwasser, das in Regentonnen gesammelt wurde. Bei Lebensmitteln ist dagegen Trinkwasser besser.

8.6.5. Wasser sparen durch Zisternenwasser?

In Kapitel 7.7. wurde bereits über die Regenwassernutzung gesprochen. Die damit beabsichtigten Sparziele können gegebenenfalls durch die damit verbundenen Nachteile die eingesparten Kosten wieder zunichtemachen. In einigen Fällen ist die Regenwassernutzung sogar teurer als die entsprechende Menge Trinkwasser. Wer glaubt, damit die Toilettenspülung oder das Wäschewaschen im Haushalt ersetzen zu können, fährt mit den oben genannten Sparmaßnahmen oft besser, wenn er sie entsprechend konsequent einhält.

Bei vorschriftswidrig installierten Querverbindungen zwischen Zisternen, eigenen Hausbrunnen und öffentlichen Wasserleitungen kann es sogar richtig teuer werden. Hat eine Verkeimung des öffentlichen Netzes stattgefunden und wird eine solche Querverbindung festgestellt, so muss der Betreiber einer solchen Anlage mit erheblichen Schadenersatzforderungen rechnen. Selbst wenn niemand erkrankt ist, können die nach der Trinkwasserverordnung erforderlichen Maßnahmen des öffentlichen Wasserversorgers zum Schutz der Verbraucher viele 10.000 € ausmachen. Es ist also gut zu überlegen, welche Sparziele man mit solchen Anlagen verfolgt und wie sie installiert und betrieben werden müssen.

9. Die Privatisierung von Wasserwerken

Eigentlich wollte ich die Thematik im Rahmen dieses Buches nicht ansprechen. Sie kann nämlich eine außerordentliche gesellschaftspolitische Brisanz in sich bergen, sodass es schwer fallen dürfte, hier ein ausgewogenes Urteil abzugeben. Nachdem ich aber mehrfach angesprochen und gebeten wurde, mich trotz meiner Zweifel darüber zu äußern, hab ich mich entschlossen, meine persönlichen Gedankengänge hierzu zu Papier zu bringen.

Die Leserinnen und Leser, die dieses Buches bis hierher gelesen haben, wissen, dass der Mensch im Durchschnitt pro Tag etwa 1,5 bis 2 L Trinkwasser (als Getränk oder in Nahrungsmitteln) zu sich nimmt. Diese Menge braucht er zum bloßen Überleben, unabhängig davon, wie hoch sein Lebensstandard sonst sein mag. Während es in grauer Vorzeit genügen mochte, das Wasser mit seinen Händen aus einem Bach zu schöpfen, war es die vordringlichste Aufgabe der jeweiligen Sippenführer, die eigene Sippe in ein Siedlungsgebiet zu führen, in dem es ausreichend Trinkwasser gab. Wählte der jeweilige Anführer ein Gebiet ohne Trinkwasser, so kam entweder die gesamte Sippe ums Leben (z. B. bei der Wanderung durch Wüstengebiete), oder die Sippe zerfiel oder suchte nach einem neuen Anführer. Schon damals musste also ein Anführer über soviel Lebenserfahrung und fachliche Kompetenz verfügen, dass er die überlebensnotwendigen Bedürfnisse seiner Sippe sicherstellen konnte. Ansonsten war er als Anführer nicht geeignet.

Dieser Exkurs in die graue Vergangenheit mag zwar manchen zum Schmunzeln veranlassen, aber die Zusammenhänge, die schon damals von Bedeutung waren, gelten auch heute noch. Trinkwasser ist nicht nur nach wie vor überlebensnotwendig, sondern es wird zwischenzeitlich auch für viele andere Zwecke verwendet (z. B. Lebensmittelherstellung, Reinigung, Körperpflege, Abwasserbeseitigung, Produktionswasser in der Industrie, Tränkewasser für die Tierhaltung, Bewässerungswasser in der Landwirtschaft und im Gartenbau usw.). Man braucht zwar nicht für alle Nutzungsarten Trinkwasserqualität, aber eine ausreichende Menge Wasser muss es trotzdem sein, da sonst beispielsweise die Landwirtschaft oder die Industrie ins Stocken geraten kann, was dann auf eine andere Art und Weise ebenfalls überlebenswichtig wird.

Im heutigen Europa kann man eigentlich mit der Wasserversorgungssituation im Großen und Ganzen zufrieden sein. Dennoch gibt es regional immer wieder Probleme, deren

Behebung unterschiedlich angegangen wird. In Deutschland und den meisten europäischen Ländern überwiegen die öffentlichen Wasserversorgungsunternehmen, in Frankreich die privatwirtschaftlich organisierten. In England gab es 1989 eine große Privatisierungswelle. In Deutschland beobachtet man seit einigen Jahren, dass die öffentliche Hand Finanzlöcher auch durch die Privatisierung von Wasserwerken schließen will. Die Argumentation ist dabei die, dass Privatunternehmen grundsätzlich effektiver und wirtschaftlicher arbeiten würden und man sich dadurch insgesamt niedrigere Kosten für die Verbraucher erhofft. Wenn die Wasserwerke schließlich möglichst teuer verkauft werden, kann man auch den öffentlichen Schuldenberg etwas verringern.

Sieht man sich dann aber die praktischen Erfahrungen mit der Privatisierung von Wasserwerken im Internet an, so findet man überwiegend kritische Beiträge mit weltweit negativen Erfahrungen. Von Preissteigerungen, schlechterer Wasserqualität, maroden Leitungsnetzen, mangelnder Versorgungssicherheit auch in technologisch hoch entwickelnden Ländern, Verbot des Gartengießens bei hohen Geldstrafen, Volksbegehren und Bürgerinitiativen gegen die Privatisierung bis hin zum Aufstand der Bevölkerung trotz Militäreinsatzes und Rücküberführung in die öffentliche Hand reicht die Palette der negativen Schlagzeilen. Dagegen sollen die Einnahmen der privaten Wasserversorger zu einem großen Teil in Dividende für Aktionäre und Managergehälter geflossen sein. Die Ansicht, dass Trinkwasser keine Ware wie jede andere ist, mit der man entsprechend umgehen könne, gewinnt weltweit zunehmend an Bedeutung.

Für diejenigen, die an der Entscheidung mitwirken, ob ein Wasserwerk privatisiert werden soll oder nicht, ist die Prüfung, auf welchem wahren Hintergrund die betreffenden Schlagzeilen beruhen, in der Regel nicht leicht. Und man gerät bei dieser Thematik sicherlich auch schnell in die Gefahr, in eine ideologische Ecke gedrängt zu werden.

Dennoch wird man das weitverbreitete Misstrauen der betroffenen Bevölkerung mit den entsprechenden kaum kontrollierbaren Reaktionen als Entscheidungsträger nicht einfach ignorieren können. Ich selbst könnte aus meiner beruflichen Laufbahn heraus allerdings nicht behaupten, ich hätte mit dem privatwirtschaftlich organisierten Betrieb von Wasserwerken auffallend schlechtere Erfahrungen gemacht als mit dem öffentlich geführten Betrieb.

Ich bin auch nicht der Meinung, dass man die Entscheidung an den Begriffen „öffentlich" oder „privat" festmachen sollte. Vielmehr sollte man darauf achten, welcher der in Frage kommenden Betreiber nicht nur fachlich und finanziell in der Lage, sondern von seiner Einstellung zur Thematik auch willens ist, die Aufgaben einer Wasserversorgung zum Wohle der betroffenen Bevölkerung wahrzunehmen. Es ist mit gesundem Menschenverstand nämlich abzusehen, dass es zu Fällen kommen wird, bei denen unter privatwirtschaftlichen Regelungen Maßnahmen getroffen werden müssen, die den erhofften Gewinnen der Eigner zuwiderlaufen. Dazu gehören vor allem Maßnahmen, die der Instandhaltung der Verteilungsnetze und dem Schutz der Wassereinzugsgebiete dienen. Und deren Nutzen ist in der Regel erst längerfristig erkennbar.

In Stuttgart beispielsweise hat die EnBW Regional AG (ein privates Versorgungsunternehmen) unter Berücksichtigung der Anforderungen an ein Wasserverteilungssystem, der Grundlagen der Rehabilitationsplanung, der Auswertung von Störungs- und Schadensmeldungen, der Analyse der Rohrnetzschäden, der zustandsorientierten Erneuerungsplanung sowie der Bauverfahren und Rohrmaterialien zur Erstellung von Trinkwasserleitungen festgestellt, dass derzeit (2005) eine jährliche Erneuerungsrate des Verteilungsnetzes von rund 0,7 % und im Jahr 2014 ein solche von rund 1,1 % erforderlich ist, um qualitativ höchsten Ansprüchen im Hinblick auf Versorgungssicherheit und Hygiene zu genügen. Die genannten Zahlen gelten aber nur für die Stuttgarter

Verhältnisse und können nicht verallgemeinert werden. In anderen Versorgungsgebieten können die Zahlen völlig anders sein. Sie müssten daher für jedes Versorgungsgebiet durch qualifiziertes Personal neu erhoben werden.

Ein gutes Beispiel für den Schutz der Wassereinzugsgebiete (vor allem Mangfalltal und oberes Loisachtal) sind die Stadtwerke München (ein öffentlicher Wasserversorger). Hier ist es u. a. durch Maßnahmen wie Grundstückskauf und der Förderung der betroffenen Landwirte gelungen, den Eintrag von Schadstoffen und Keimen soweit zu verhindern, dass das Münchener Trinkwasser ohne chemische Zusätze u. Ä. abgegeben und getrunken werden kann. Die Grenzwerte der Trinkwasserverordnung werden dabei sogar weit unterschritten. Und das Trinkwasser in München gehört außerdem noch zu den preisgünstigsten Trinkwässern in Deutschlands Großstädten.

Diese und viele andere Beispiele sowie die fachlichen Kenntnisse, die in diesem Buch vermittelt werden, zeigen, dass fachliche Kompetenz und der Wille und die Fähigkeit zu operativen Entscheidungen zum Wohle der Trinkwassernutzer durchaus in der Lage sind, funktionierende Wasserversorgungssysteme aufzubauen und zu erhalten. Die nachteiligen Erfahrungen mit der Privatisierung von Wasserwerken sind, soweit man aus den Meldungen schließen kann, offenbar dadurch entstanden, dass Analysten die fachlichen und regionalen Anforderungen und Bedingungen sowie die Reaktionen der betroffenen Bevölkerung stark unterschätzt und dementsprechend auch die zu erwartenden Gewinne für die Investoren falsch eingeschätzt haben. Um die erwarteten Gewinne dann doch noch einigermaßen zu retten, wurde dann an anderer aber für die Funktionalität der Wasserversorgung wichtiger Stelle eingespart.

Sollten private Investoren und die öffentliche Hand es schaffen, Regelungen zu finden, die eine nachhaltige und von den Verbrauchen akzeptierte Wasserversorgung gewährleisten, ist gegen eine Mitwirkung privater Investoren aus meiner Sicht nichts einzuwenden. Dazu müssten aber eine Reihe privater Investoren zunächst einmal verlorengegangenes Vertrauen wieder zurückgewinnen. Gelingt ihnen das nicht, werden sie in demokratischen Systemen wohl kaum noch die Zustimmung der Bevölkerung für eine Privatisierung von Wasserwerken finden. Durch die in den Medien dargestellten schlechten Erfahrungen werden die Verbraucher vermutlich sogar darauf bestehen, dass die operative Entscheidungsgewalt über unser wichtigstes Lebensmittel, das Trinkwasser, unter öffentlicher demokratischer Kontrolle bleibt und im Zweifelsfall nicht einem finanzmathematischen Kalkül im Sinne privater Investoren bzw. Anleger unterworfen wird.

10. Tränkewasser für die Tierhaltung

In wesentlichen Punkten stimmen die Anforderungen an das Wasser für Viehtränken bzw. die Tierhaltung mit den Trinkwasseranforderungen überein. Gemäß der deutschen Futtermittelverordnung darf zur Tierernährung nur genusstaugliches und sauberes Wasser im Sinne des Artikels 4 der EG-Trinkwasserrichtlinie (Richtlinie 98/83/EG des Rates) verwendet werden. Der Artikel 4 der EG-Trinkwasserrichtlinie ist zwar nicht identisch mit der deutschen Trinkwasserverordnung, enthält aber viele Anforderungen.

Wichtig ist dabei, dass Tränkewasser kein Abwasser aus anderen Tierhaltungen enthält, da sonst die Verbreitung von Tierkrankheiten aus anderen Tierbeständen möglich ist. Blaualgentoxine aus Seen, Teichen, Pfützen usw. sollten ebenfalls nicht in größerer Menge enthalten sein, da manche Tiere hier sehr empfindlich reagieren und evtl. sogar daran sterben können.

Mehrfach wird darauf hingewiesen, dass Tiere höher konzentriertes Wasser (noch bis 10 g/l) vertragen können, wenn hauptsächlich Natrium und Chlorid vorliegen. In der Regel soll aber die Konzentration 5 g/l nicht überschreiten. So werden für die Viehtränke folgende Mineralstoffgrenzwerte angegeben:

Tiere	Grenzwert
Geflügel	2.860 mg/L
Schweine	4.290 mg/L
Pferde	6.435 mg/L
Milchkühe	7.150 mg/L
Fleischrinder	10.100 mg/L
Schafe	12.900 mg/L

Tabelle: Tiere und Mineralstoffgrenzwerte (hauptsächlich Natriumchlorid)

In der Praxis kommt es immer wieder vor, dass Tiererkrankungen auf die Wasserqualität zurückgeführt werden. Die Tierhalter suchen dann bei Untersuchungsinstituten um Hilfe bei der Ursachenermittlung. Wichtig wäre es dann, wenn die Tierärzte konkretere Tipps zu den Parametern geben könnten, die überprüft werden sollen. Dies könnte bei den Wasseruntersuchungen viel Zeit und Geld einsparen helfen.

11. Trinkwasser in Katastrophenfällen

Wer die Medienberichte über die Naturkatastrophen der jüngsten Vergangenheit verfolgt, muss feststellen, welche enorme Bedeutung sauberes Trinkwasser in solchen Fällen hat. Man könnte zwar meinen, dies betrifft weitgehend nur die Dritte Welt oder andere weit entfernte Länder. Doch der weit gereiste Mitteleuropäer kann durch seine Reiseaktivitäten auch ganz schnell zu den Betroffenen gehören. Außerdem kann auch bei uns einmal etwas passieren, was eine Notwasserversorgung erforderlich macht.

Wenn man dann das Glück hat, sauberes Trinkwasser in Flaschen zu erhalten oder man durch eine Trinkwasseraufbereitungsanlage einer Hilfsorganisation (z. B. THW) versorgt wird oder das einheimische Wasserwerk noch funktioniert, dann kann man froh sein. Wenn man aber auf ein Trinkwasser zweifelhafter Herkunft zurückgreifen muss, ist man vor Krankheiten und Epidemien nicht mehr sicher.

Hier hat nun die schweizerische EAWAG (Eidgenössische Anstalt für Wasserversorgung, Abwasserreinigung und Gewässerschutz) ein Verfahren entwickelt, wie man mit geringen Hilfsmitteln das örtliche Wasser, wenn es nicht zu trübe ist, mikrobiologisch deutlich verbessern kann. Das Verfahren nennt sich SODIS (zu Deutsch: Solare Desinfektion). Die Funktionsweise ist sehr einfach. Man füllt nicht zu trübes Wasser in eine nicht zu stark verkratzte PET-Flasche und legt diese für etwa 6 Stunden quer zu den Strahlen der Sonne auf einer dunklen Unterlage in das direkte Sonnenlicht. Dort erwärmt sich das Wasser auf etwa 50 °C und wird von den UV-Strahlen durchdrungen. Die Kombinationswirkung der Wassertemperatur und der UV-Strahlen tötet oder inaktiviert offenbar die meisten Mikroorganismen. Wenn vielleicht auch nicht die Anforderungen der deutschen Trinkwasserverordnung erfüllt werden, ist das einfache System sehr interessant. Wer also beabsichtigt, in Entwicklungsländer zu reisen, sollte sich bezüglich der Einzelheiten einmal die Internetseiten der EAWAG und SODIS ansehen. Das System könnte auch dort von Vorteil sein, wo selbst ohne Naturkatastrophen die Trinkwasserqualität nicht sonderlich gut ist. Auf jeden Fall scheint die Methode besser zu sein, als direkt verschmutztes oder verkeimtes Wasser zu trinken, wenn man nicht die Möglichkeit zum Abkochen des Wassers hat.

12. Trinkwasser im Internet

Dem Trend unserer Zeit entsprechend findet man auch eine reichhaltige Auswahl von Internetseiten zum Thema Trinkwasser. Die Anbieter sind Wissenschaftler, Ärzte, Behörden, Firmen, die Produkte im Zusammenhang mit Trinkwasser anbieten, aber auch Privatpersonen, die ihre Erkenntnisse und Ansichten über das Trinkwasser der Öffentlichkeit mitteilen wollen.

Will man etwas über das Trinkwasser wissen, und man gibt den Begriff „Trinkwasser" in eine der Internetsuchmaschinen ein, so erhält man die Links zu Tausenden und Abertausenden von Internetseiten. Jetzt hat man die Qual der Wahl. Man muss also seine Suche deutlich einengen. Man gibt weitere Suchworte wie „Aufbereitung, Desinfektion, Verkeimung oder Mineralien" ein. Selbst dann wird man noch sehr, sehr viele Links angeboten bekommen. Zahlreiche Seiten von Wissenschaftlern und Fachzeitschriften sind kostenpflichtig. Wenn man also als Privatperson fundierte Informationen über das Trinkwasser im Internet finden will, muss man schon einige Zeit aufwenden.

Das Schlimmste dabei ist aber, dass man als Laie oft nicht beurteilen kann, welche der erhaltenen Informationen richtig sind und welche nicht. Denn man weiß nicht, ob diejenigen, die Produkte zum Thema Trinkwasser verkaufen wollen oder diejenigen, die ideologisch geprägte Sachverhalte in der Öffentlichkeit verbreiten wollen, es mit der Genauigkeit besonders ernst nehmen. Wenn man keine Fachleute an der Hand hat, heißt es, besonders auf der zu Hut sein, vor allem, wenn diese Informationen einen Einfluss auf gesundheitlich relevante Sachverhalte oder Investitionen (zum Beispiel die Anschaffung einer hausinternen Trinkwassernachbehandlungsanlage) haben. In vielen Fällen ist der gesunde Menschenverstand bei der Beurteilung gar nicht mal so schlecht. Gut wäre es dann auch, wenn man die Informationen mehrerer Seiten miteinander vergleichen kann.

Einen Nachteil für literarische Arbeiten hat die Kurzlebigkeit vieler Internetseiten. Will man bestimmte Internetseiten als Quelle zitieren, erlebt man es nicht selten, das diese Seiten bald nicht mehr auffindbar sind.

Einige interessante Internetadressen sind:

http://www.bmgesundheit.de
http://www.umweltbundesamt.de
http://www.dvgw.de
http://din.de

Darüberhinaus sollte sich der interessierte Leser einmal die Internetadressen, die im Literaturverzeichnis angegeben sind, ansehen. Die Internetadressen des Autors sind:

http://www.hartmutschmitt.de und
http://www.trinkwasser-fuer-europa.de

Auf den Internetseiten des Autors sind dann Links zu wichtigen europäischen Internetseiten wie EG-Trinkwasserrichtlinie, Trinkwasserverordnungen usw. sowie weitere Informationen zu diesem Buch enthalten.

13. Sind Angaben aus der Literatur und dem Internet vertrauenswürdig?

Wenn jemand ein Fachbuch wie das Vorliegende schreibt, kann er in den seltensten Fällen alle Zahlen und Fakten selbst erheben beziehungsweise erforschen. Er ist vielmehr gezwungen, diese aus der Literatur und dem Internet zu entnehmen oder zu zitieren. Ansonsten wäre das Verfassen solcher Bücher praktisch unmöglich. Dies setzt allerdings voraus, dass die entsprechenden Zahlen und Fakten auch korrekt sind. Das bedeutet wiederum, dass man den Autoren der verwendeten Quellen vertrauen muss.

Leider kann man es nie ganz ausschließen, dass sich auch einmal Wissenschaftler irren oder falsche Schlussfolgerungen aus ihrem Zahlenmaterial ziehen. Man kann nur versuchen, die Plausibilität dieser Aussagen mit den eigenen praktischen Erfahrungen zu überprüfen. Dennoch wird es immer wieder vorkommen, dass neuere wissenschaftliche Erkenntnisse das bereits bekannt Geglaubte über den Haufen werfen. Man sollte sich daher wissenschaftlichen Neuerungen gegenüber aufgeschlossen zeigen.

Schlimmer ist es, wenn jemand aus wirtschaftlichen, politischen oder ideologischen Gründen bewusst falsche Informationen veröffentlicht. Das meiste kann schließlich mit einem vertretbaren Aufwand nicht überprüft werden. Derartiges kommt oft erst im Laufe der Zeit durch anders geartete praktische Erfahrungen heraus.

Ich hoffe daher darauf, dass meine Ansichten, Meinungen, Thesen und Schlussfolgerungen über meine praktischen Erfahrungen hinaus nicht durch unrichtige Angaben in der Literatur und im Internet beeinflusst wurden.

14. Ausblick

Wie der Leser sicherlich bemerkt hat, umfasst das Trinkwasser einen weiten Themenbereich. Die wissenschaftlichen Erkenntnisse auf dem Gebiet des Trinkwassers sind sicherlich noch lange nicht abgeschlossen. Das bedeutet, von Zeit zu Zeit wird es neue gesetzliche Bestimmungen zum Trinkwasser geben. Verfahrensweisen, die man heute als gut betrachtet, werden morgen vielleicht schon kritisch beurteilt. Erfahrungen, die heute noch keiner so recht bewerten oder nachvollziehen kann, sind morgen vielleicht schon alltägliche Praxis. Dieser Sachverhalt sollte aber nicht dazu verleiten, zu glauben, alles, was man auf dem Trinkwassersektor tut, sei Unsinn. Vielmehr sollte der Verbraucher und Trinkwassernutzer mit seinem gesunden Menschenverstand an die

Sache herangehen und von Zeit zu Zeit prüfen, ob sich für ihn relevante Dinge auf dem Trinkwassersektor geändert haben. Ein gesundes Misstrauen ist dabei durchaus angebracht, da so mancher bei der Darstellung neuer Sachverhalte mehr seinen eigenen wirtschaftlichen Vorteil als das Wohl der Verbraucher im Sinn hat.

15. Literatur

Bodenseewasserversorgung; Korrosionschemische Beurteilung von Trinkwasser aus dem Bodensee gemäß TrinkwV 2001, DIN EN 12502, Teil 1 bis 5 und DIN 50830, Teil 6. www.zvbwv.de

DIN 1988 Technische Regeln für Trinkwasserinstallation (TRWI), Technische Regel des DVGW.

DIN EN 1250-1 bis 5 und DIN 50930-6 Korrosion metallischer Werkstoffe im Inneren von Rohrleitungen, Behältern und Apparaturen bei Korrosionsbelastungen durch Wasser

Dohl, L. (2005): Warmwassersystem mit Legionellen erfolgreich saniert. In: *Jäger, W.* (2005) Wasser zum Trinken; Institut Prof. Dr. Walter Jäger, Tübingen

DVGW-Sachkundelehrgang „Entnahme von Wasserproben für die Trinkwasseruntersuchung“

Grohmann, A., Hässelbarth, U., Schwerdtfeger, W.,(Hrsg.) (2003): Die Trinkwasserverordnung; Einführung und Erläuterungen für Wasserversorgungsunternehmen und Überwachungsbehörden. 4., neu bearbeitete Auflage; Erich Schmidt Verlag, Berlin

Gesetz über die Umweltverträglichkeit von Wasch- und Reinigungsmitteln (Wasch- und Reinigungsmittelgesetz – WRMG) vom 29. April 2007 (BGBl. I S. 600)

Hans Huber AG, Deutschland; Einsatzbereiche von Edelstahl, Berching

Heseker, H., Untersuchungen zur ernährungsphysiologischen Bedeutung von Trinkwasser in Deutschland. Universität Paderborn.

Hoch, W. (2006): Erhaltungs- und Erneuerungsstrategien für Wasserrohrnetze. EnBW-Broschüre. Erstveröffentlichung in: Stuttgarter Berichte zur Siedlungswasserwirtschaft. Band 185. S. 84 – 204. Kommissionsverlag Oldenburg München

Höll, K.. (2002): Wasser: Nutzung im Kreislauf, Hygiene, Analyse und Bewertung. Hrsg. Von Andreas Grohmann. – 8. völlig neu bearb. Aufl. – de Gruyter Verlag, Berlin, New York

Jäger, W. unter Mitarbeit von Heinzmann, C., Klumpp, R. und Schmitt, H. (1991): Trinkwasser; Fernlehrgang Gesundheit und Umwelt; Heft 8; Europäische Akademie für Umweltfragen e.V., Tübingen

Jäger, W. (2005): Einsparungen in der Trinkwasserüberwachung; BWGZ 11/2005

Kayser, F. H.,Bienz, K. A. (1998): Medizinische Mikrobiologie. Verstehen – Lernen - Nachschlagen. – 9. überarb. und neu gestaltete Aufl. – Thieme Verlag, Stuttgart

Kürschner-Pelkmann, F. (2007): Der Traum vom schnellen Wasser-Geld Essay. In: Das Parlament mit der Beilage: Aus Politik und Zeitgeschichte. Deutscher Bundestag und Bundeszentrale für politische Bildung. http://www.bundestag.de/cgibin/druck.pl?N=parlament

Locher, A., Nußbaum, A. (1996): Wasserversorgung in der Praxis. Hydro-Elektrik GmbH, Verfahrenstechnik, Ravensburg

Mayer, U. (2005) Hausinterne Trinkwasseraufbereitung: notwendig oder überflüssig? In: *Jäger, W.* (2005) Wasser zum Trinken; Institut Prof. Dr. Walter Jäger, Tübingen

Neumeister, K. (2005): Legionellen – Biologie, Bedeutung und Nachweis. In: *Jäger, W.* (2005) Wasser zum Trinken; Institut Prof. Dr. Walter Jäger, Tübingen

Oehmichen, U., Schmitz, M., Seeliger, P. (2001): Die neue Trinkwasserverordnung; Der Kommentar aus rechtlicher und technisch-wirtschaftlicher Sicht; Wirtschafts- und Verlagsgesellschaft Gas und Wasser, Bonn

Quentin, K.-E. unter Mitarbeit von Alexander, I. und Eichelsdörfer, D. (1988): Trinkwasser: Untersuchung und Beurteilung von Trink- und Schwimmbadwasser; Springer-Verlag, Berlin Heidelberg New York London Paris Tokyo

Schindler, P. (2004): Fäkale Verunreinigungen im Trinkwasser; Beitrag im Rahmen des FLUGS-Seminars „Wasser – Reservoir des Lebens. Aktuelle Fragen zur Wasserversorgung und –hygiene" im Oktober 2003 in Nürnberg; Der Autor ist Mitarbeiter des Bayerischen Landesamtes für Gesundheit und Lebensmittelsicherheit.

Schmitt, H. (2004): Beanstandungen durch ungeeignete Probenahmestellen. In: *Jäger, W.* (2004) Lebenselixier Trinkwasser; Institut Prof. Dr. Walter Jäger, Tübingen

Schmitt, H. (2004): Informationspflichten der Wasserversorger gegenüber den Verbrauchern. In: *Jäger, W.* (2004) Lebenselixier Trinkwasser; Institut Prof. Dr. Walter Jäger, Tübingen

Schmitt, H. (2004): Informationspflichten der Wasserversorger gegenüber den Verbrauchern. In: *Jäger, W.* (2004) Lebenselixier Trinkwasser; Institut Prof. Dr. Walter Jäger, Tübingen

Schmitt, H. (2005): Die Hausinstallation in den rechtlichen Vorschriften. In: *Jäger, W.* (2005) Wasser zum Trinken; Institut Prof. Dr. Walter Jäger, Tübingen

Schmitt, H. (2005): Regenwasser und eigene Brunnen im Haushalt – Gefahren und Vorschriften. In: *Jäger, W.* (2005) Wasser zum Trinken; Institut Prof. Dr. Walter Jäger, Tübingen

Soiné, K., J.et al. (1988): Handbuch für Wassermeister – Wissenswertes für den Betrieb von Wasserversorgungsanlagen. R. Oldenbourg Verlag, München Wien

Umweltbundesamt (2002): Empfehlung zur Vermeidung von Kontaminationen des Trinkwassers in der Hausinstallation durch Einflüsse von Schlauchleitungen. Mitteilung des Umweltbundesamtes nach Anhörung der Trinkwasserkommission des Umweltbundesamtes. Bundesgesundheitsbl-Gesundheitsforsch-Gesundheitsschutz 45: 514-516

Umweltbundesamt (2003): Zur Problematik der Bleileitungen in der Trinkwasserversorgung. Empfehlung des Umweltbundesamtes nach Anhörung der Trinkwasserkommission des Bundesministeriums für Gesundheit und soziale Sicherung.Bundesgesundheitsbl-Gesundheitsforsch-Gesundheitsschutz 46: 825-826

Umweltbundesamt (2003) Leitlinie zur hygienischen Beurteilung von Epoxidharzbeschichtungen im Kontakt mit Trinkwasser Bundesgesundheitsbl-Gesundheitsforsch-Gesundheitsschutz 46: 797-817. Aktualisierungen erscheinen laufend unter der Internetadresse: http://www.umweltbundesamt.de/uba-info-daten/daten/materialien-trinkwasser.htm

Umweltbundesamt (2004): Beurteilung der Trinkwasserqualität hinsichtlich der Parameter Blei, Kupfer und Nickel. Empfehlung des Umweltbundesamtes nach Anhörung der Trinkwasserkommission des Bundesministeriums für Gesundheit und soziale Sicherung. Bundesgesundheitsbl-Gesundheitsforsch-Gesundheitsschutz 47: 296 – 300

Umweltbundesamt (2005): Leitlinie des Umweltbundesamtes zur veränderten Durchführung der KTW-Prüfungen bis zur Gültigkeit des Europäischen Akzeptanzsystems für Bauprodukte im Kontakt mit Trinkwasser (EAS) Empfehlung des Umweltbundesamtes, Stand: 18.11.2005. Bundesgesundheitsbl-Gesundheitsforsch-Gesundheitsschutz 48: 1409-1415

Umweltbundesamt (2006): Trink was – Trinkwasser aus dem Hahn. Gesundheitliche Aspekte der Trinkwasserinstallation Informationen und Tipps für Mieter, Haus- und Wohnungsbesitzer. http://www.umweltbundesamt.de/

Umweltbundesamt (2007): Liberalisierung der Wasserversorgung birgt Risiken.
http://www.umweltbundesamt.de/wasser/themen/oekonomie/jb00lib.htm

Verordnung über Allgemeine Bedingungen für die Versorgung mit Wasser (AVBWasserV) vom 20. Juni 1980, Bundesgesetzblatt (BGBl.) Teil 1, S. 750 – 757

Verordnung über natürliches Mineralwasser,Quellwasser und Tafelwasser (Mineral- und Tafelwasserverordnung) vom 5. Dezember 1990, Bundesgesetzblatt (BGBl.) I, S. 2600

Verordnung zur Novellierung der Trinkwasserverordnung (TrinkwV) vom 21. Mai 2001, Bundesgesetzblatt (BGBl.) I Nr. 24 vom 28. Mai 2001 S. 959

Wikipedia, Die freie Enzyklopädie im Internet. www.wikipedia.de

16. Bildnachweise

Umschlagbild vorne, Abb. 1 bis 18, Grafik 1 und 2: Hartmut Schmitt, Portrait des Autors im Vorwort: Angelika Schmid

17. Stichwortverzeichnis

Notizen

Notizen

Notizen